# Site Analysis

# 建筑场地分析

[美] 爱德华·T·怀特 *著* 肖彦 姜珉 *译*
Edward T. White

大连理工大学出版社

© 大连理工大学出版社 2019
著作权合同登记06-2014年第192号

**图书在版编目(CIP)数据**

建筑场地分析 /（美）爱德华·T. 怀特
(Edward T.White) 著；肖彦，姜珉译. -- 大连：大连
理工大学出版社，2019.4
　　书名原文: Site Analysis
　　ISBN 978-7-5685-1930-4

　　Ⅰ.①建… Ⅱ.①爱… ②肖… ③姜… Ⅲ.①建筑设
计 Ⅳ.①TU2

中国版本图书馆CIP数据核字（2019）第037905号

出版发行：大连理工大学出版社
　　　　　（地址：大连市软件园路80号　邮编：116023）
印　　刷：大连图腾彩色印刷有限公司
幅面尺寸：285mm×210mm
印　　张：10
字　　数：324千字
出版时间：2019年4月第1版
印刷时间：2019年4月第1次印刷
责任编辑：初　蕾
责任校对：裘美倩
封面设计：温广强

ISBN 978-7-5685-1930-4
定　　价：49.00元

发　　行：0411-84708842
传　　真：0411-84701466
邮　　购：0411-84708943
E-mail：jzkf@dutp.cn
URL：http://dutp.dlut.edu.cn

本书如有印装质量问题，请与我社发行部联系更换。

# 前言

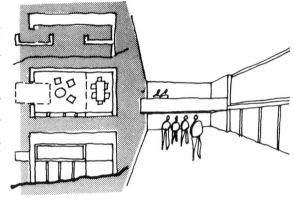

比起将项目需求、课题和必要条件用简图表示，设计师通常更喜欢，也更擅长画平面图、立面图、剖面图和透视图。

有时，我们似乎过度担心因为不良的计划问题而画出不成熟的建筑方案，却又不甘愿在那些有助于了解项目需求、激发有创意的设计概念的图示技巧上投入很多的精力。

我们需要均衡一下两方面的技巧：画出设计解答，以及尽量使问题和需求以图形或视觉化的形式呈现出来。

本书是建筑设计图示化系列图书中的一本。这一系列图书的主题聚焦于将设计资料转换成图示，以便更清楚地看见或了解资料。将设计资料视觉化，其中心命题是：画出需求、必要条件和初步设计概念的能力与画出建筑物的最终设计结果的能力一样重要。事实上，图示技巧深深地影响着建筑物的设计品质。

为什么在规划建筑时，将设计资料视觉化是有用的？我认为，有以下几点原因。

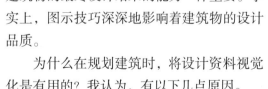

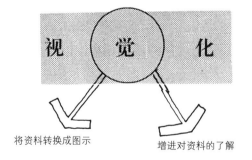

将资料转换成图示　　增进对资料的了解

**1**

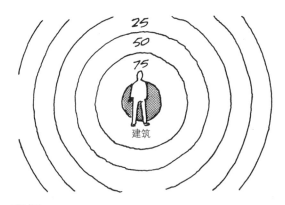

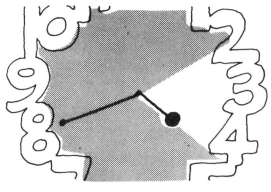

### 责任

身为设计者，我们对于涉及建筑方案传达过程的众多因素和建筑设计表现的成果负有责任。与此同时，成功建筑的标准变得更加明确，而且建筑的评估程序也变得更加系统。建筑研究团体每年会提供新的事实，从专业、法律和道德等方面增加我们的义务与责任。

图解法是能够帮助我们应对资料超载和妥善处理项目需求的一种工具。

### 沟通

建筑项目的业主构成变得越来越"多人化"（牵涉评议会、委员会或者社区），而且他们要求在设计决策上有更多的参与权。复杂的业主构成通常意味着复杂的人际关系，以及在达成共识的过程中可能出现冲突与困难。这些状况需要强有力的组织、清晰的程序和有效的沟通技巧来解决，以便做出经过深思熟虑且资料完整的决策。我们所提出的设计建议必须有充足的理由，而且这些建议应根植于业主的需要。我们必须在设计中更透明地呈现决策过程，如此业主才能知道我们现在身在何处，到过哪里并且要往何处去。我们必须把对问题的分析和解答产生的过程更妥善地记录成文件。暂时脱离有迹可循的决策轨迹对我们也很重要，因为那能解释我们是如何达成特定的设计提案的。在建筑规划的过程中，图解法可以有效提升沟通的质量。

### 效率

我们经常要面对许多时间方面的压力，例如，加快完成计划案以便符合业主的最后期限，或者是在事务所、预算及时间等限制条件下结束工作。能以一种轻松的、被动的态度提供计划案的设计事务所很少，这里的"被动"是指等待至好的设计灵感"跳出来"为止。我们必须具备获取灵感、判定设计和控制灵感获得的过程而不受其控制的能力。我们应该具备能帮助我们在相当短的时间内获得设计解答的工具。这种技术要求超越了问题分析和概念化，达到了解答、测试和设计细致化的地步。图解法对于设计思考的开始，对于掌控规划过程，以及让我们脱离困境，都是一种非常优异的工具。

作为设计语汇的一个重要方面，图解法可以协助我们获得设计解答。精通该语汇是胜任设计工作的基础。图形设计领域的关注点已经聚焦到建筑物的最终设计结果的绘制技术上。我们必须在设计前期规范图形设计技术，以便协助我们包围问题、界定问题、打开并进入问题，然后为此问题探索可替代的建筑回应。

图解法是接近问题，投入其中，全神贯注，用我们自己的术语重述并习惯性地表达问题的一种方法。借助图解法我们可以对有潜力的解决方案做出选择及整合。

在理想情况下，设计解答应该反映项目需求和条件。图解法在解决问题方面很有用，它可以作为指向设计方案的一种信号。

专注于图解法通常可以引导我们获取设计灵感，反之，设计灵感可能很难产生。它还能帮助我们建立自己的设计语汇，借由一种可存储和可记忆的形式去表现设计方案的类型，以便用在未来的项目中。图解法帮助我们在以语言术语方式表现的问题和以事实或建筑语汇方式表现的设计方案之间，建立了沟通的桥梁。通过图解法，我们降低了在由问题到解答过程中损失信息的可能性。图解法使发现关键问题变得更容易，同时还能起到明确、详述、总结和测试的作用。它是一种将项目课题简化、分解，然后转化成对设计而言更富有意义的和更具启发性的形式的方法。图解法可以作为有效的提醒物（项目速记），在设计的过程中，提示那些用文字解释需要消耗很多纸张的复杂课题。图解法的趣味价值有助于使项目资料不再冗长乏味、令人生厌，反而将其变得比较亲切。

本书将详细阐述有关建筑设计图示化的一个重要主题——即将兴建新建筑物的场地的分析。

场地环境分析就是对项目特性的研究。它就像一首生动的序曲，是获取最佳场地利用决策、配合业主室内和室外活动与空间，以及尊重并利用场地资产的、最有效的方法。

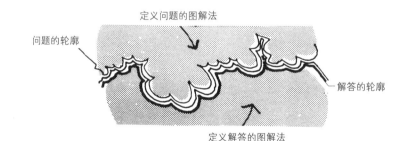

定义问题的图解法
问题的轮廓
解答的轮廓
定义解答的图解法

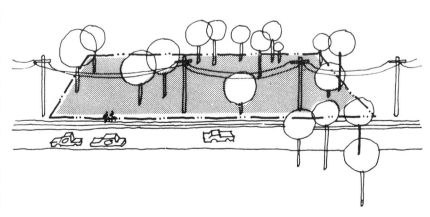

# 目　录

# 第 1 章
# 定义、
# 课题与设计内涵

# 1.1 概述

环境分析是一种聚焦于场地及场地周围，对现存的、迫切的和潜在的状态开展的前期研究活动。就某方面而言，它是在设计方案将要建造的那块场地上所有的条件、压力，以及它们之间相互关系的统计清单。

环境分析在设计中的主要作用是为我们提供场地信息，以便形成我们的设计概念，使我们对建筑物的早期想法能反映外在条件并整合出有意义的回应。

在一个环境分析中所提出的典型场地课题包括场地区位、大小、形状、等高线（轮廓）、排水模式、使用分区、公共设施、场地景观的明确目标物（建筑物、树等）、周边交通、邻里模式、由场地看出去或由外面看场地的景观，以及气候等。身为设计师，我们需要知道这些课题的内容，以便设计出成功的建筑物。建筑物不仅要完成其内在的责任（功能），同时也要与外在环境建立良好的关系。既然我们的建筑物要结结实实地存在好多年，那么我们的环境分析就应该去处理潜在的条件，如同看重那些在现存场地上就能观察到的条件一样。某些典型课题正在改变场地周围的分区模式、项目主要街道和次要街道的设定、周边邻里的文化模式以及场地附近重要项目的建造。

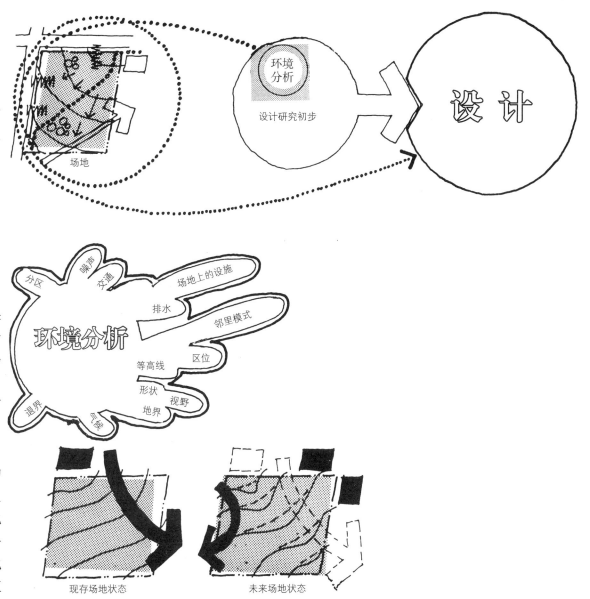

环境分析

1

当我们知道一个单字或短语的周边词汇的文脉时，才能对它做出最佳的理解，所以我们也应该去注意场地周边的环境状态。

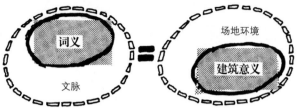

文脉的定义是指"整体状况、背景或关乎某些事件或事物的环境"。该词的衍生意义是指"交织编组在一起"。

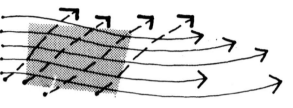

交织编组在一起

当我们考虑将设计"编织"到现有场地的条件、压力、难题和机会的这块"布料"上时，该词的内涵告诉我们一些事情——必须在场地的外来者（我们的建筑物）和场地本身之间争取某种"契合"。"契合"的观念并不暗示着建筑物必须从属于场地。我们可以选择某些在场地上发现的，而且我们倾向于保存、强化、扩大和改善的场地条件。我们也可以辨明某些我们想要审慎变动、淘汰、隐藏、伪装或改造的场地条件。"编织"作为一种概念，当应用于场地上建筑物的安排时，总是包含了某些既有状态的交替。重要的是，我们必须经过深思做出审慎的决策，以便保证场地上建筑物的效果不是偶发的。无论我们是去"配合"场地，还是去"反衬"场地，从创造一个成功方案的角度来看，我们的早期思考都具有关键性的作用。

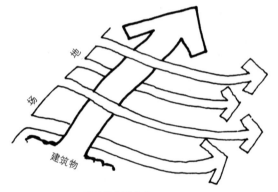

场地的次要变化

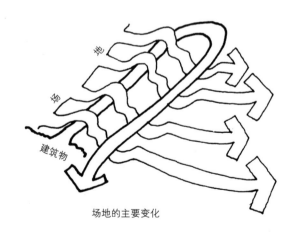

场地的主要变化

**2**

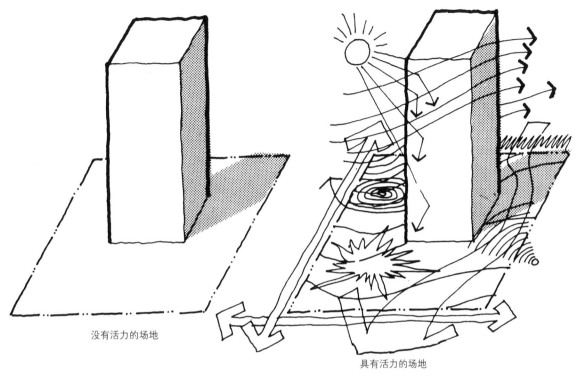

没有活力的场地

具有活力的场地

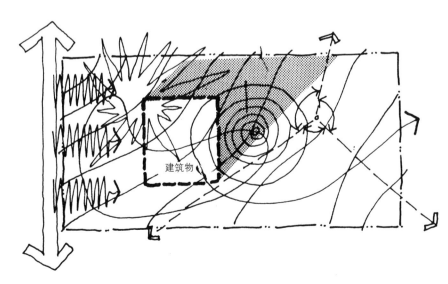

建筑物

## 1.2 场地犹如生动的网络

身为一名设计师，我们容易将项目场地视为一种无生命的、消极的状态。我们可能认为它仅仅是要将建筑物建造在上面的一块单纯的地块。

我们应该时刻谨记：一块场地绝对不是没有活力的。相反，它是一组非常有活力、不断活动的网络，并且以一种复杂的关系连接在一起。

阳光的阴影以一种特殊的移动模式越过我们的场地，这块场地将来或许能为附近的儿童提供一条通往学校的捷径，或者作为活动场地。在场地外围，每天的交通都呈现出一种强弱律动的模式。人们可以在自己的家里看到场地上的景致。地形走势正好能将水排到场地的边缘，并且不会影响附近的场地。场地的转角处可能被用作公交车站。这些状态能使一块场地具有活力。这种以动态的角度来观察一块场地的做法，使我们感受到将建筑物定位在场地上的重要性。我们现在就要把建筑物安置在这个有活力的动态组织中了。假如我们要在这个组织脉络中很优雅地整合一个设计，而且不破坏它的原有风貌，其实是合理可行的。所以，我们必须借助对整体环境的分析，详细地了解这一自然环境的组织脉络。

**3**

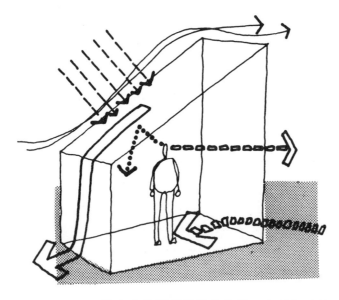

## 1.3 影响三角图

要了解一个组织中复杂的元素以及它们是如何相互影响的，影响三角图是一个很方便的工具，它还可以帮助我们认清一个方案的相关课题。

影响三角图以假设为前提，主要探讨的是建筑物的完整性以及空间占有性。它并非设计本身或设计师最终设计出来的建筑物，而是一种预设或一整组我们认为是实际的、具有可能性的影响或效果。

在影响三角图上，共有三种角色：建筑物、使用者和环境。建筑物包括在户外及室内实际呈现出来的物件，比如，墙、楼板、天花板、结构、机械设备、家具、照明、色彩、景观、铺装、步道、门窗、各种硬件及

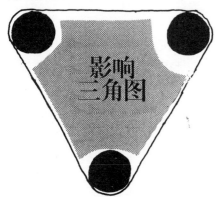

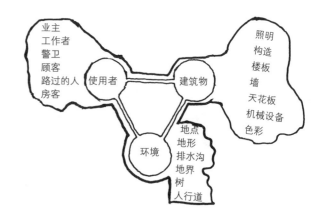

附属设施。使用者包括拥有这一建筑物的人、在建筑物中工作的人、维修建筑物的人、业主、顾客、照顾建筑物的人。另外，住在附近的居民，或者是经过的路人也可以算是使用者。环境包括在建筑物建造之前现有场地呈现出的各种状态、情况、力量和压力等。

如果我们把这三种角色放在三角形的三个角上，然后将三者之间以及三者与自身的关系强度用线条来表示，那么就可以画出一个影响三角图的基本图形。建筑物中的元素不仅彼此之间相互影响，而且还与使用者及建筑环境所包括的元素息息相关。从建筑物对其自身的影响来看，空调系统会改变建材及家具，因为空调使温度和湿度与未设置空调前大不相同。门窗会改变建材、照明及家具，因为引入了日光。家具的布置会影响空间的布局，当然就可能间接地改变地板材料的选用。建筑物对使用者的影响会同时包括对环境的态度，对生产力、效力、价值观、福利、人员流动、知识水平、销量以及其他人类行为的反应。建筑物与环境也是有关系的，这些改变包括风向模式、地形排水坡度及排水沟、雨水渗透率、现有的落叶情况、阴影模式、窗户反光率，以及建筑物表面的声音反射情况等。

这里所提到的各种影响或结果都是由于建筑物本身、使用者以及环境之间各种相互的影响造成的。为了使这个模型完整表达，我们必须同样地讨论使用者与环境之间的相互影响。然后我们就可以看出：这三个元素中的任何一个都受到其他两个的影响，同时也影响着其他两个；每一个元素都会改变其他两个，同时也会因为其他两个而改变。这个组织架构伴随着建筑物的生命力在持续不断地运行着。

当我们用这种方式来检查设计条件时，设计方案将会十分明显地经由这些关系线条突显出来，而非仅停留在建筑物、使用者、环境等这些角色上。

我们除了必须了解建筑物、使用者、环境的组合特质之外，还应该明白关于它们自己以及彼此之间的互动关系。

每一个建筑方案都或多或少地包含了对场地环境的改变，因为在建筑物周围的环境中不可避免地存在一些需要修正的地方。我们绝不可能做到在一块场地上建造了一个建筑物而完全没有改变场地的现状。我们必须决定哪些东西需要保留，哪些需要加强、增加、减少、修饰或排除。

当我们将建筑物植入场地的时候，必然会造成场地现状的改变。我们最终的目标必须是：让这个地方比原来更好。

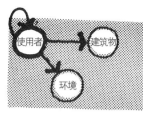

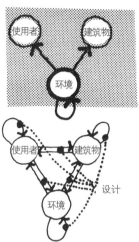

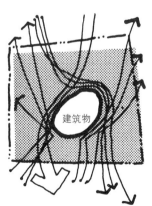

## 1.4 贯彻到底

如同所有的设计前期研究一样，如果想要一个设计方案反映其环境，那么彻底完整的场地分析研究是绝对必要的。这些研究就是定义、收集以及整理与场地相关的资料。如果无法了解整个场地的环境，那么必定无法反映其现状。我们不能因为不确定的或者错误的资料而使场地上的建筑物与环境之间出现意料之外的错误。

局部的环境分析是十分不可靠的。如果我们拥有一些资料，即使是不完整的，我们也可以在研究这些既有资料的过程中完成部分的工作。但是，具备完整的资料会使设计工作变得更有据可依。依据对场地的了解，加上对设计构想的思考，我们就能着手进行设计工作，担负起设计师的责任。

不完整的场地分析就相当于医生依据对病人的非全面性的诊断而开处方。在分析场地环境的过程中，总会有一些琐碎的感觉，因为有一些重要的设计信息可能就存在于距离我们研究的终点一步之遥的地方。我们对场地通常不会有太多的了解，时间和经费总是迫使我们的研究一定要在某一特定的时刻完成，所以提高分析效率是非常重要的，因为我们可能因此在时间及经费的限制之内尽量做好我们的工作。

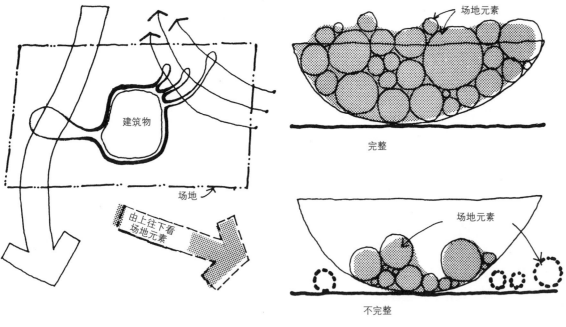

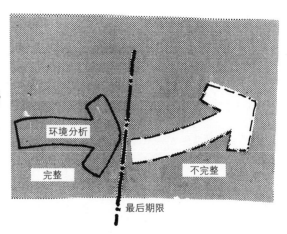

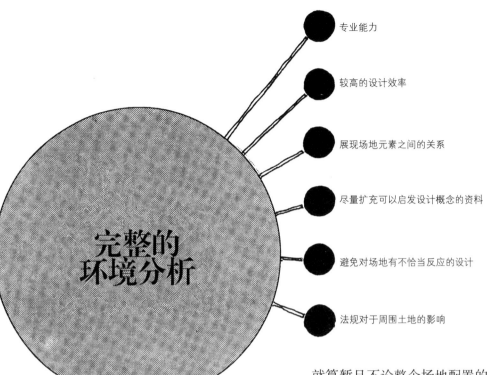

专业能力

较高的设计效率

展现场地元素之间的关系

尽量扩充可以启发设计概念的资料

避免对场地有不恰当反应的设计

法规对于周围土地的影响

完整的
环境分析

就算暂且不论整个场地配置的相关专业问题，另外还有许多必须做环境分析的理由。如果我们可以避免因为调查研究而打断构想，那么在设计上就会更有效率。最好能够在一开始思考方案的时候就取得所有的相关资料，避免因回头检查而影响效率。如果能够一次取得相关资料，我们便能在思考设计构想的时候，同时考虑所有资料的相互关系，确保整个设计的完整性。

如果我们确实掌握了这些资料，并加以应用，那么资料的综合、比较和运用就会变得更为丰富。在设计前期所做的场地资料研究应该被视为一种关键性的动作，而且积累的资料越多越好，因为我们必须根据这些资料思考建筑语汇，然后运用这些语汇反映设计构想。这种构想就是一组掌握场地不同状况和需求的方法，个别的场地特性会限制特定可行的建筑语汇，如果在场地分析的过程中遗漏了某些资料，那么也可能会因此错失某些好的构想。

这种缺失会使我们最终的设计方案缺乏一个更有利、更完整的场地配置构想，同时还可能造成对场地特性或状态的疏忽或不恰当的反应。

完整的环境分析和场地设计也与法规相互关联，我们必须特别留意对附近以及周围场地的影响。粗劣的方案设计源于不完整的场地资料，这将在建造期间以及项目完成后的使用期间对附近场地产生负面影响。

附近场地的排水方式如果使水在进入我们的场地时受阻，那么可能会引发水患。如果更改排水路线，使水在不同的位置离开场地，又可能对场地造成潜在性的破坏。

建筑物的建造位置可能会阻碍附近建筑物的视野。由我们的设施所带来的交通聚集，可能会造成附近场地交通拥挤及噪声集中。在挖掘场地的过程中，可能会造成对附近房屋基础的破坏。建筑物反射的阳光可能会导致附近建筑物空调负荷的增加，以及驾车接近场地时因为眩光而造成交通事故。建筑结构体所投射的阴影可能对附近的地景景观造成损害或阻碍太阳能的收集。所有这些问题都是我们的设计对附近场地造成的负面影响，而这些影响都与业主及我们自身有法律性的关联。

如果想避开负面影响，完成一个优良的设计方案，那么在场地使用概念化阶段进行完整的场地分析以及留意每个细节是非常重要的。

如果希望做一次完整、彻底的环境分析，那么有一些关于我们正在收集的资料的事情应该要牢记。

重要的是不要"远距离"分析，应该直接到场地上，亲身感受。

看看周围的景致，听听声音，观察活动，以步行或者开车的方式到场地上来获得介于边界之间的时间和距离因素的感觉，感受地形的轮廓变化。判断场地在舒适性方面最有价值的东西，例如树木等。

感受场地

关于时间的问题，必须将其与所有的场地信息对应起来。

我们必然有一些关于特定情况或压力持续多长时间的构想。何时达到顶峰？何时开始？何时结束？在一年、一个月、一周或者一天之内路径是如何改变的？

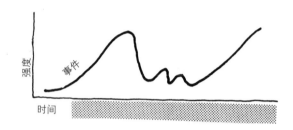

如果我们可以预计出场地及其周围未来的情况，例如，分区的趋势、街道的拓宽、未来交通计划、未来建造的建筑物类型等，那么将是非常有帮助的。对于每一项收集到的实际资料，我们都应该反问自己，将来这些资料应该如何进行特别的分类？因为当建筑物建成之后，必然会占用场地很长的一段时间，所以我们希望建筑物能够在生命周期内有效地回应所有情况。

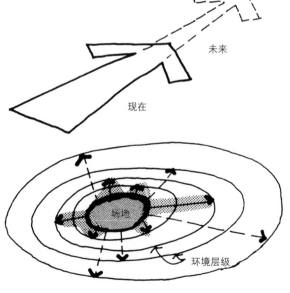

未来

现在

场地

环境层级

我们的期望是探究目前所解决的场地问题之外的下一个环境分析的层级。

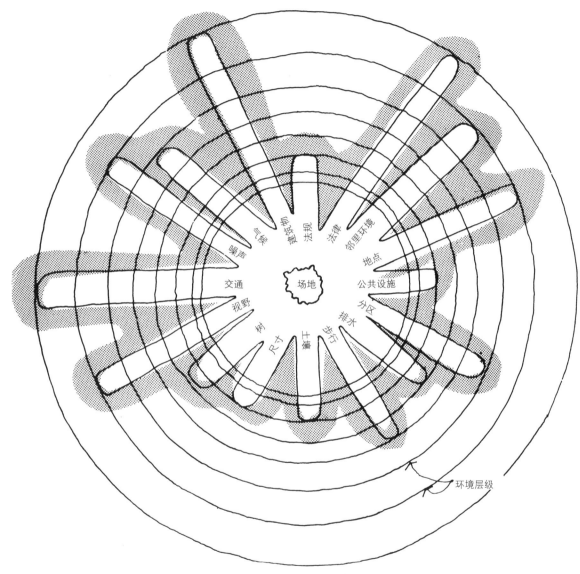

气候
建筑物
法律
法规
邻里环境
地点
场地
公共设施
噪声
交通
分区
视野
排水
树
步行
尺寸
土壤

环境层级

场地元素的分析延伸至环境层级

理论上，环境分析是开放的、无限制的，因为它原本就没有固定的停止点。一方面，我们可以不断地分析建筑相关问题之外的环境文脉；另一方面，偶尔会有一些诱因在我们进入下一步之前来终止我们的分析。这里所需考虑的最重要的一点是要适度延伸对于每一项资料的分析。分析的深度由我们对于每一项资料的收集程度而定。样本包括：决定场地之外的多少地块要合并在分析之内，是否分析是什么形成了目前的交通模式，是否借助所看到的去推论邻里中的特定事物，以及是否进行挨家挨户的访谈。这些判断都包含了关于资料重要性和相关性的定义，对于数据的验证和设计来说也是如此。

在环境分析中，我们必须不断地做出关于特定的场地课题的深度及精确性的判断。这些判断不是为了给草率的工作提供借口而提出的，而是为了明确"绝对完整"的环境分析并不存在。在时间的限制之下，我们必须对目前着手的场地研究问题进行选择，目标是做出有关自身环境的完整分析研究，真实的情况也可能少于预估的情况。

我们的环境分析应该记录下哪些是"硬性的"（无商量余地的）资料以及哪些是"软性的"资料。

**9**

软性的资料负责处理可以改变的场地情况，这些情况并非是在设计之中必须标示或回应的。硬性的资料包括场地边界、法律规定、场地面积、公共设施的位置等。虽然有一些事物可以归类为硬性的资料，但实际上，它们是可以改变的，例如，地形轮廓、计划分区、退界及树木等。"强行"分类这些资料是有帮助的，因为当开始设计时，这为我们提供了一种对于资料需求程度的秩序感。通常，我们在初步的场地定案阶段必须特别留意那些硬性的资料。

回应场地的设计决策

硬性的资料

软性的资料

我们应该将收集的资料和记录按照先后顺序排列。

关于场地的各种情况以及它们的影响是正面的或负面的，这些都是一般性的结论。当开始设计时，这些结论对于判断哪些事物有价值，应该保存、增进、强化，或者非常不利，应该删除、避免、隔离，都是非常有帮助的。

对于场地研究，我们需要一种系统的、有组织的、严谨的研究方法。运用系统的层级来管理环境分析有如下几点原因。

1. 一套正式的程序可以保障不遗漏重要的事实或者细节。

2. 一种系统的研究方法可以让我们更容易妥善处理在复杂状态下的场地资料。

3. 一个细致的分析研究可以产生不会因为环境问题而有所纰漏的细致的设计成果。

4. 我们在环境分析中发现和记录更多的个性化元素，就能够在激发场地设计灵感时为自己提供更多的线索。

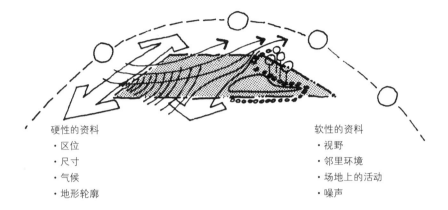

硬性的资料
· 区位
· 尺寸
· 气候
· 地形轮廓

软性的资料
· 视野
· 邻里环境
· 场地上的活动
· 噪声

# 1.5 各种资料

为进行环境分析而收集的资料基本上列明了现存的以及经过设计的场地情况的清单。在这个阶段，我们不关心设计对于场地的回应，而将注意力集中于所有与场地相关的事物。场地的现状更能引起我们的兴趣。场地的现状包括了硬性的和软性的资料。硬性的资料通常与场地上的自然元素相关，但不包括对于现状的判断。典型的硬性资料包括场地位置、尺寸、地形轮廓、场地地貌和气候等。软性的资料可能包括我们在进行环境分析时所做的一些价值判断。基本上，软性的资料处理的是关于场地上感官及人的元

素，但这些元素并不以数量而是以现存特定场地状况的正面或负面特性来评判的。典型的例子包括场地上视野的好坏，从视野角度考虑的进入场地的最佳方向，现有的气味及扩散的程度，场地上现有的活动及活动空间的价值，无业游民的聚集地点，邻里的庙会或庆祝活动，以及噪声的形式和影响的范围。这些软性的资料虽然最初包含了判断，但是一旦被记入环境分析，就演变成了硬性的资料。记住那些以设计阐明的意见和以图表做场地设计时最容易解决的问题是很重要的。

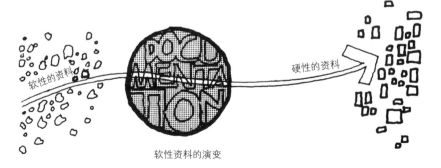

软性的资料　　硬性的资料

软性资料的演变

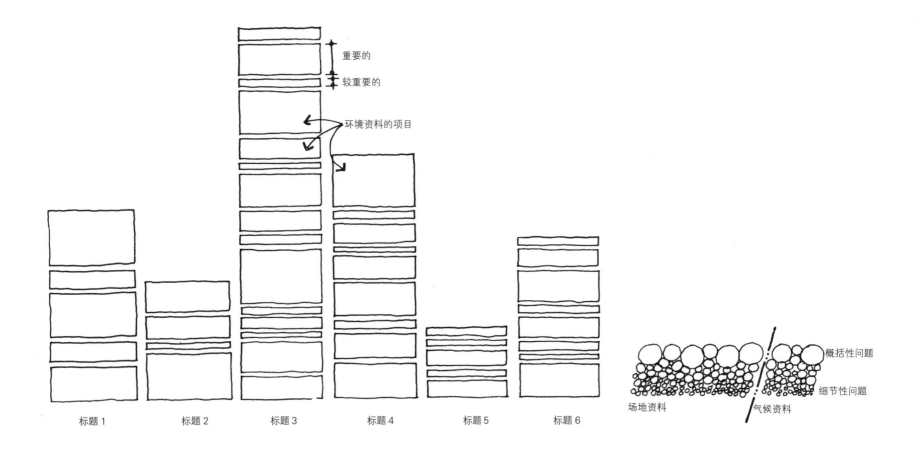

重要的

较重要的

环境资料的项目

概括性问题

细节性问题

场地资料    气候资料

标题 1    标题 2    标题 3    标题 4    标题 5    标题 6

当我们试着组织所收集的场地资料时，标题在资料分类方面很有用。我们不能期望每一个标题下的场地资料的数量及重要性都相同。当我们开始以设计回应环境分析的时候，不同的场地、每一个标题下所分配的不均等的资料以及不同的重点给予我们大量的沟通信息。

以下所示的资料大纲与从场地资料到气候资料，以及从概括性问题到细节性问题的过程相比，在顺序上并无特别的意义。

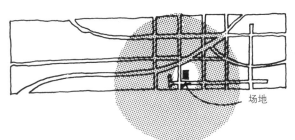

## 区位

　　包括呈现场地在城市中的位置以及与城市整体关联性的地图。地图还可以呈现场地与城市其他功能区之间的距离及通行时间。

场地

## 邻里环境

　　呈现场地边界之外 3 至 4 个街区的邻里环境。这个范围可以因为需要涵盖一个重要元素或者因为项目规模而有所延伸。地图可以呈现现有的及计划的使用、建筑群所在的位置、城市分区，以及其他可能对我们的项目造成影响的情况。

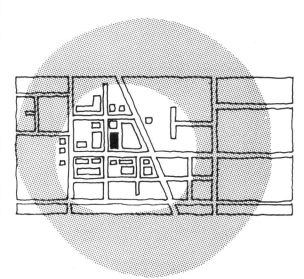

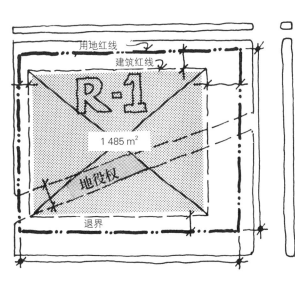

## 尺寸及区域划分

　　记录所有关于场地尺寸的资料，包括用地红线所在区位、地役权、目前城市分区、分类（退界、高度限制、停车模式、容许使用等），以及规划建设净用地面积（扣除退界限制、地役权土地之后，可供项目使用的土地）。分析还应该记录目前分区的趋势、城市运输部门的路面拓宽计划（更改路权），以及任何未来可能影响项目的因素。

## 合法性

　　这部分对于财产、契约、限制、目前的所有权、政府的管辖权（隶属于城市或乡镇），以及任何未来可能影响项目的规划（场地可能位于将来城市更新地区内，或在大学校区扩建范围内）进行了法律描述。

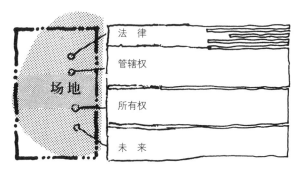

**13**

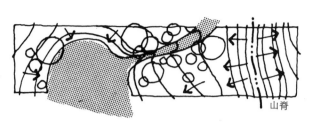

山脊

## 自然环境

包括地形、地势、排水方式、地质、土壤承载力、树、岩石、山脊、田地、山峰、山谷、湖泊及池塘等。

## 人造环境

记录场地的相关情况，例如，建筑物、墙面、车道、街角、消防栓、电线杆，以及铺装的材质及形式。场地之外的环境特点涵盖了周围环境的发展特性，例如，尺寸比例、屋顶形式、开窗形式、建筑轮廓、材质、色彩、开放空间、视野、地景、景观材料、墙面的多孔性和特有形式，以及多种装饰和细部。

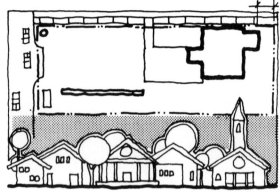

## 动线

呈现分布于场地之上或围绕场地周围的交通工具及步行的移动模式。这些资料包括平时及高峰时段周边环境车流及步行情况、公交车站、场地周边的通路、交通节点、卡车动线，以及交通间歇性（游行、消防车路线、附近礼堂的演奏会）。交通状况的分析应包括在未来规划可能完成的范围之内。

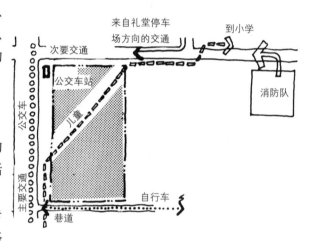

## 公共设施

处理所有设置于场地上、场地附近及场地旁的公共设施的形式、容量、位置的信息。典型的公共设施包括电力、燃气、下水道、自来水及通信。当公共设施离场地有一段距离时，还需要考虑尺寸的问题。这项分析记录对于了解一些设置于地下的公共设施的管路材质与直径，以及其深度，将是很有帮助的。

## 感官

记录场地在视野、听觉、触觉及嗅觉等方面的资料。典型的感官课题是场地的视野角度以及来自场地周围的噪声。记录这些关键的感官情况的持续时间、强度以及品质（正面的或者负面的）是有价值的。如同之前提到过的一样，这通常包括对场地及其周边的不同感官情况的相关需求做出判断。

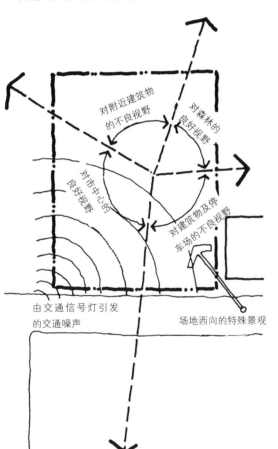

由交通信号灯引发的交通噪声

对附近建筑物的不良视野

对森林的良好视野

对市中心的良好视野

对建筑物及停车场的不良视野

场地西向的特殊景观

## 人文

包括从文化的、心理的、行为的和社会学的层面来分析周遭的环境。这部分所涵盖的范畴与之前列出的"邻里环境"有所不同，其重点关注人类的活动、人类的关系，以及人类的性格模式，课题包括人口年龄、种族、密度、职业、价值、收入和家庭结构等。

场地附近任何正式的或非正式的活动，例如，节庆活动、游行、手工艺技能展览，都是很重要的。虽然暴行及犯罪令人不悦，但是对于设计者而言，当构思场地分区及建筑物设计时，这一因素也具有价值。

场地

## 气候

呈现一年中所有月份的气候情况，例如，下雨、下雪、湿度及温度的变化等。此外还包括风向、太阳轨迹、太阳高度角在一年中的改变情况，以及潜在的天灾，例如，龙卷风、飓具和地震等。这样的记录和分析有助于了解一整年气候情况的变化，以及可能出现的极端情况（最大日降雨量、最大风速）。

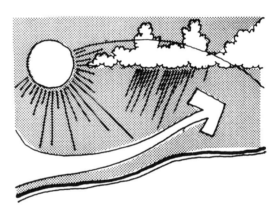

**15**

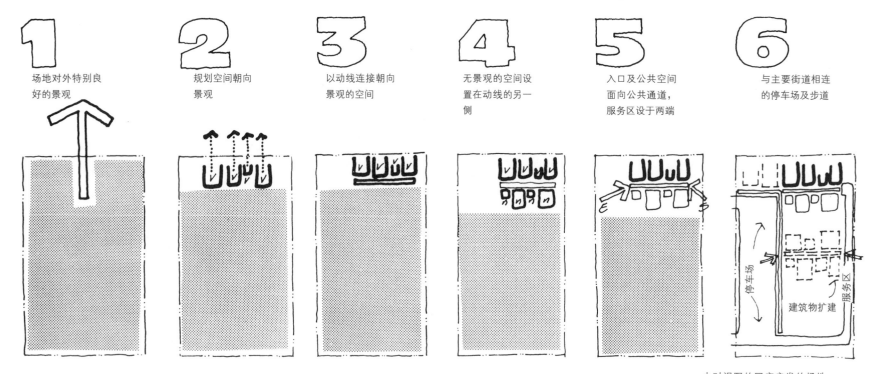

1 场地对外特别良好的景观

2 规划空间朝向景观

3 以动线连接朝向景观的空间

4 无景观的空间设置在动线的另一侧

5 入口及公共空间面向公共通道，服务区设于两端

6 与主要街道相连的停车场及步道

停车场

服务区

建筑物扩建

由对视野的回应启发的场地分区概念

# 1.6 隐含的设计

环境分析是环境设计的引言，这就意味着在开始做场地规划分区之前，必须先对场地进行彻底了解及分析。功能、印象和建筑外观是另外一种切入问题的方式，借此可以建立初步的概念，有助于我们对于设计脉络做出后续的决定。

在做环境分析时，虽然所收集的资料不可避免地会受到我们心目中的建筑外观和印象的影响，但是我们仍应该试着将概念与环境分析分开。环境分析应该是一份现存的及规划状况的清单（假设在场地上没有新的建筑物），有这份清单，当我们设计这块场地的时候，就不会将那里的现状与我们希望这块场地上有什么混为一谈。

**16**

当在场地上配置建筑物空间及活动时，思考环境分析对于设计的影响，对于我们区别功能与环境的不同是有帮助的。功能的观点倾向于向内配置建筑物空间，使它们在内部彼此通达，以此作为建筑物空间配置的理论说明。另一方面，环境的观点希望将空间移动到场地的不同位置，以便反映建筑群外部的情况。对功能而言，吸引力存在于建筑物空间之间；对环境而言，吸引力存在于建筑物空间与外部场地情况之间。

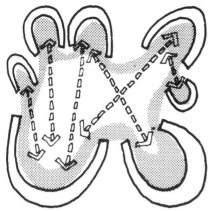

空间的配置源于内部功能的关联性

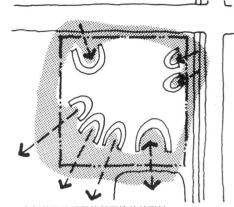

空间的配置源于外部环境的关联性

通常，在一个设计问题之中，功能与环境之间的争论交替推拉着建筑物空间并决定着它们最终的位置。功能与环境在非常真实的感受下"相互竞争"，以此来决定建筑物的形式。

以下提供一些因为与外部环境的连接而产生的空间和活动的例子。

○活动的视野需求。

○活动应该与噪声隔离。

○场地步行动线及模式应该与活动紧密相连。

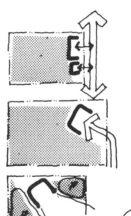

○货物分送、操作所需的道路，以及交通工具的搭乘。

○建筑物入口与道路直接相连。

○将停车场与建筑物外观及视野相互隔离。

○需求间接自然光的活动。

○需求直接日照的活动。

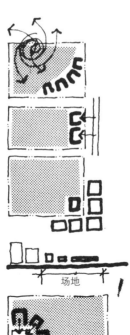

○经营、操作需要避开高活动区。

○交通工具直接到达活动区。

○以环境的意向做形式的整合。

○以现存的尺寸、比例及几何形式表达空间关系。

场地

○可由住户自我控制外部环境的空间。

为了回应环境压力而在场地上所做的最适当的功能或空间配置的努力，可以体现在以下三种处理方法之中。

1. 在功能被视为一个比环境更为关键的决定性元素的场地上，我们可以放置泡泡图，允许空间在泡泡图之内自由移动及改变，使功能定位及配置与特定的场地情况产生关联。在泡泡图内，空间之间弹性的连接线在于能够保持空间彼此之间不间断的联系，以便当我们在探寻一个能与环境对位的空间时，空间功能可以相互关联。

2. 在环境被视为比功能更重要的场地上，我们可以将每一个功能及空间分别放置在最适合的区位上。当所有的空间都定位之后，我们可以用一个动线系统连接每个空间。

3. 第三种方法适用于由许多块场地组成的大型规划。在决定空间配置之前，我们必须先将建筑物或建筑群看作一个整体来处理。这种处理方法的原则及意图与前面所提到的两种方法并无不同，只是我们需要处理的场地的尺寸更大而已。在我们将建筑物分区配置到场地上之后，就可以依照上述两种方法之一完成区划，以便反映与环境对位的空间。

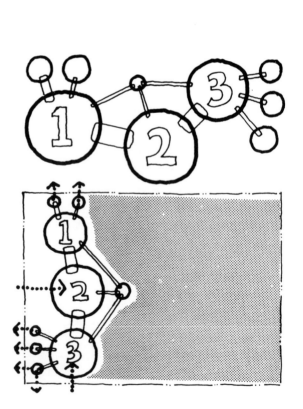

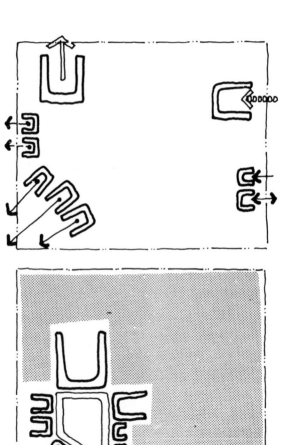

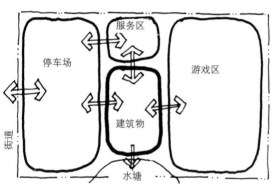

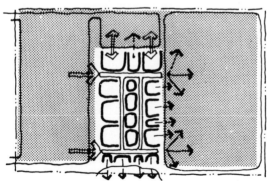

将建筑物放置在特殊场地上的理由包括：土壤承载情况、缩减建造期间土方工程的外围轮廓、能享受景致及和风的山脊、建筑物对于街道及街角有良好的能见度、提供便利服务的巷弄、已经发生过崩塌的断崖（现存的和由于建造产生的）、回避应该被保存的有特别价值的物品（树木）和特别不利的情况（不良的视野或者噪声）。

谨记在进行场地设计、建造和空间配置的时候，应同时考虑平面及剖面的问题，这是很重要的事情。

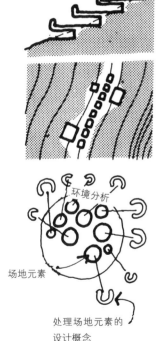

场地元素

处理场地元素的
设计概念

各个楼板与地形轮廓的关系，各个空间的高度与视野的关系，从丘陵步行而下的空间和堆积空间与地形轮廓的关系，以及邻里环境的尺寸，这些都是我们研究场地分区的剖面及平面的潜在的原因。

一个记录场地全部情况的彻底的环境分析，能够让我们更有信心。信心能够帮助激发场地设计概念的灵感，对概念的启发过程有所贡献。在完成场地分析，以及通过图示分析场地问题之后，我们获得了回应场地的设计意向。

环境分析就如同一个开关，能够唤起适用于场地问题及机会的设计语汇。对于一个负责任的设计而言，环境分析作为概念化的激发角色是必要的。它帮助我们确定浮现在心中的设计意念的合理性，这些意念是由相关的项目课题、情况和需求所引发的，而不是被任意放在项目里的。

环境分析本身不能营造出设计灵感，我们常常错误地相信只要分析充分，就能够得到解决的方法。但是，这是永远不可能发生的事情。

跨越分析与综合之间的鸿沟是一件一体两面的事情。我们必须分析环境以便引发设计灵感，而设计回应或建筑语汇也必须在环境中被引发。作为设计者，我们必须不断努力，以便延伸、拓展及深化我们的建筑语汇和概念。当我们通过分析拨动"开关"的时候，就会有一些灵感或语汇呈现出来。

我们应该知道许多利用好视野的方法，许多阻隔外部噪声的方法，以及各种从停车场到建筑物的方式。这些概念化的解决形式是由我们通过阅读、旅行、设计项目、参观建筑物积累而来的设计语汇所构成的。分析提供给我们的是环境情况而非设计灵感，告知我们一个宏观的视野，而不是如何去做。我们必须由设计语汇来规划出合理的概念。

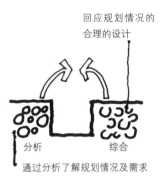

回应规划情况的
合理的设计

分析　　　综合

通过分析了解规划情况及需求

分析与综合的连接

# 第 2 章
# 将场地信息
# 图示化

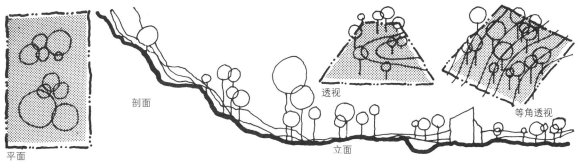

平面

剖面

透视

立面

等角透视

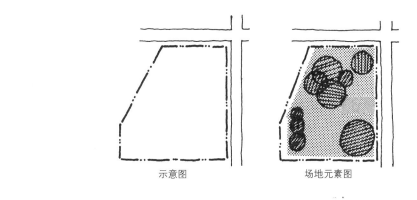

示意图

场地元素图

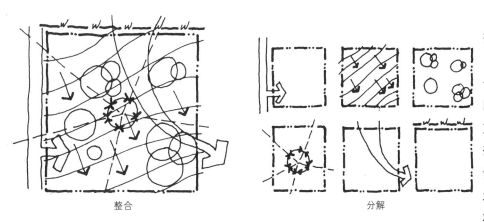

整合

分解

## 2.1 概述

我们可以利用任何一种传统的绘图框架，以图示的方式记录通过环境分析得到的资料和数据。我们可以很生动地、真实地以平面、剖面、立面、透视、等角透视，或者其他任何可以使用的方式表达我们的场地资料。我们所使用的绘图方式应该与记录的资料类型有所关联。一些数据比较适合以平面表达，一些比较适合以剖面表达，一些比较适合以透视表达。

通常来说，场地资料图示包括两种要素：第一，我们要有一张场地示意图，为想要记录的特别场地资料提供环境；第二，我们必须以图示展现场地本身的现实情况。示意图可能只是以街道为边界的场地平面，或者是仅有地表水平线的整个场地外观。这些简单的场地图形可以被用作想要表达的特殊的场地元素的绘图框架。

通过示意图来记录场地资料有如下两种截然不同的方式：

第一，将许多不同的场地关键元素通过一张示意图来表现，我们称之为组合或整合的方式。在此，不同的场地数据被一个个附加上去，所以我们能够很容易地看到各种数据彼此之间的关系。在这种处理方式中，我们必须确保图示不可混乱，以及最重要的场地资料必须以最有力的图示表达出来。第二，将场地的每一个资料予以分解，成为"分开

**21**

在场地环境分析之中
一些图示可以组合

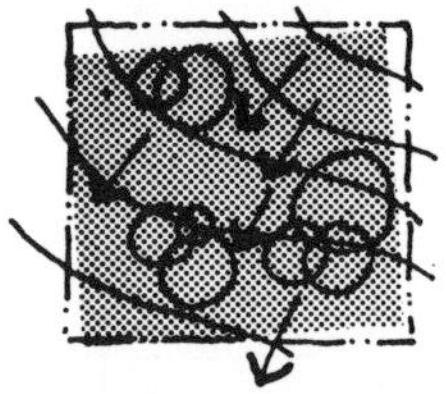

在场地环境分析之中
一些图示可以分类

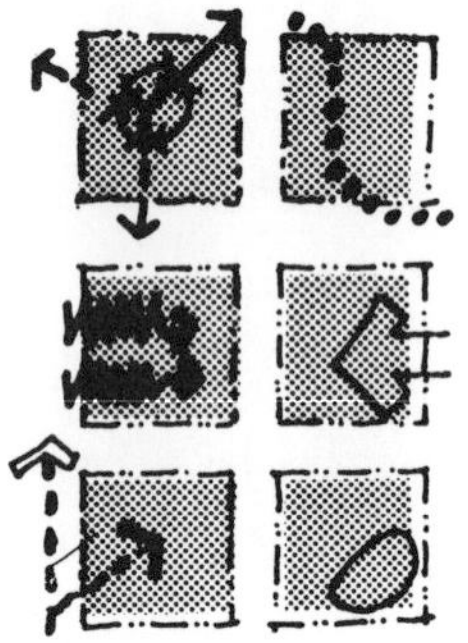

1 设计图示形式

2 精致及简单化图示形式

3 强化及明确内涵

4 注释和标记

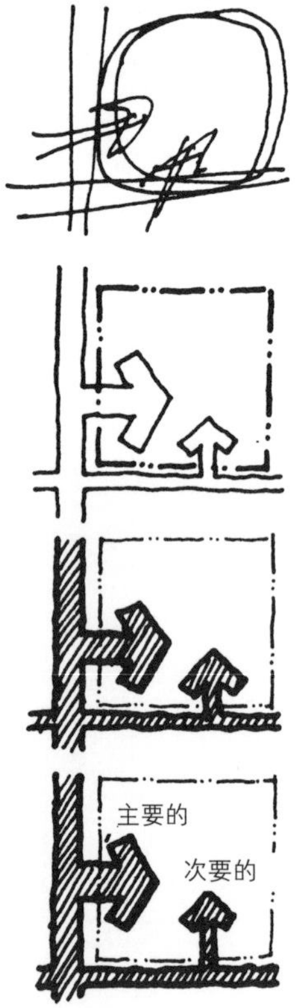

车行通道

主要的

次要的

● 区域

● 城市

● 邻里环境

● 用地

● 建筑物

● 空间

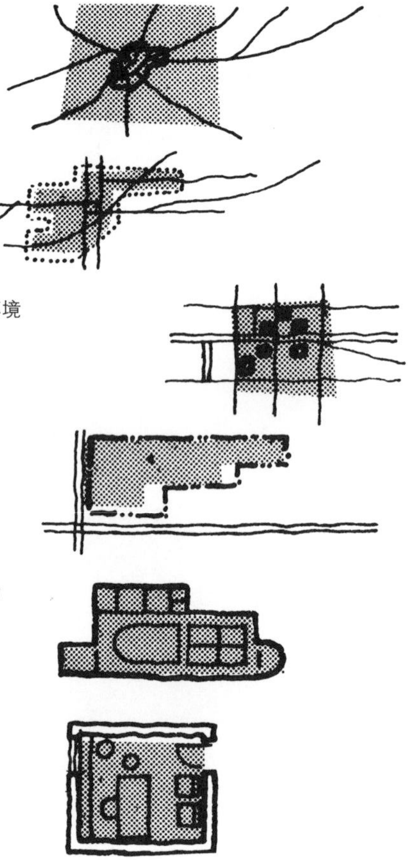

式的示意图"。这种方式着重将每一个关键元素分开表达，使每一个关键元素都能够容易被了解。单独处理每一个元素，我们就不容易忽略一些事情。对于我们来说，能够在同一环境分析中自如地使用这两种方式，这才是最重要的。

通过示意图真实地记录场地资料的形式是多种多样的。采用什么样的形式是没有固定规则的。对它们而言，没有一种普遍适用的语汇。

我们应该以开发自己的图示语汇为目标，以便它们可以成为我们的得力助手和记录场地现状的最有效的方法。将任何场地现状图示化有四个必要的步骤：设计最初的图示形式，将这个形式精致化、简单化，通过图示体系强化、明确内涵，最后介绍必要的注释和标记。

环境分析可以应用于任何尺寸的场地，以及与项目内外相互关联的关键课题。我们可以分析一个区域、一个城市、一个邻里环境、一块用地、现有建筑物内部，或者是单一空间的内部。以下讨论将聚焦于对单块土地的分析。同时，也涉及一些对内部空间的环境分析。

## 2.2 过程

### 2.2.1 课题设定

进行环境分析的第一步，是先确认我们想要分析的，以及图示文件的关键问题。如同之前讨论过的一样，我们的目标应该是分析所有与场地相关的问题，因为严谨的态度对于项目的成功是必要的。

从那些有用的场地问题中进行选择是有帮助的，而我们的选择至少要受到两个重要问题的影响。

1. 我们应该考虑项目的本质、需求，以及关键的问题。

项目的本质是什么？建筑物存在的理由是什么？主要的目标及方针是什么？建筑物在强化场地及周边环境上能够扮演什么角色？所有这些将帮助我们预估在设计阶段将会需要哪些场地资料。

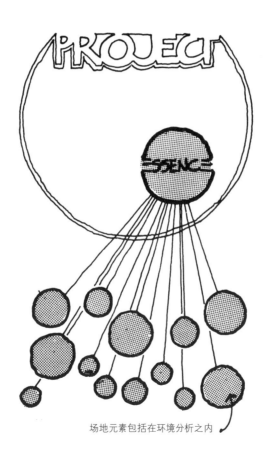

场地元素包括在环境分析之内

2. 场地分析绝对不能"远距离"完成。我们应该经常以步行或者开车的方式在场地外围及边界直接观察场地，看看场地的景色及令人心旷神怡的事物，聆听周围的声音，亲身感受周围环境的尺寸和邻里环境的意向。

这种从个人及感官角度出发与场地直接接触的行为，可以为应该在环境分析中被提出的场地资料类型的选择提供另一组线索。

现场勘查场地使我们能够发现对于这块场地而言，什么是唯一的、有价值的及最重要的。

场地元素包括在环境分析之内

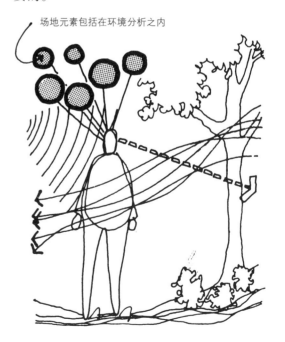

**23**

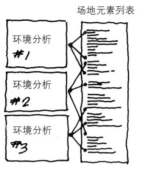
场地元素列表

我们可以将应该分析的场地问题呈现在一份潜在环境课题的列表中。这份列表将会帮助我们确认没有遗漏任何重要的场地元素，然后协助我们更有效地识别在分析中应该包括的场地情况。每当我们遇到一个新的场地问题时，就应该将它增加到列表中。在经过一段时间之后，这份列表就会变得越来越全面。如下是一份典型的、涵盖潜在场地问题的列表。

## 区位

1. 城市的位置，包括与道路及其他城市的关联性。

2. 场地邻里环境在城市中的位置。

3. 场地在邻里环境中的位置。

4. 场地与城市中其他有关联功能的位置之间的距离及旅程时间。

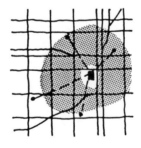

## 邻里环境

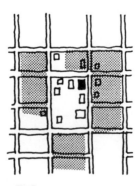

1. 指示出现有邻里环境及计划分区的地图。

2. 邻里环境中建筑物的用途。

3. 邻里环境中建筑物的现状。

4. 邻里环境中外部空间现在及未来的使用。

5. 邻里环境中主要的车行或步行交通。

6. 邻里环境中现有及计划交通动线的模式。主要及次要街道、垃圾车服务路线、公交路线及停靠站。

7. 空间的虚实关系。

8. 街道照明模式。

9. 建筑模式，例如，屋顶样式、窗户样式、材料、色彩、景观、孔隙、与街道的关系、车辆停放方式、建筑高度、雕塑等。

10. 可能为我们的设计工作添加特殊限制或责任的邻里环境分级，例如历史区域。

11. 有特殊价值或意义的附近建筑物。

12. 应该被保存的脆弱的场所或景致。

13. 一年中不同时段的阳光及阴影模式。

14. 主要的地形及排水方式。

## 尺寸及区域划分

1. 场地边界的尺寸。

2. 场地周围公共街道的尺寸。

3. 附属建筑物的位置及尺寸。

4. 现有的场地分区及分级。

5. 区域分级所需的前院、后院及侧院的退界距离。

6. 退界后的净用地面积，应该扣除附属建筑物。

7. 区域分级对于建筑物高度的限制。

8. 以建筑物使用场地的方式为基准，决定停车所需的分区模式。

9. 所需的停车空间数量（假设我们已经知道建筑面积）。

10. 现有区域分级与我们正在计划的场地功能之间的任何冲突。

11. 改变场地的区域分级以便容纳所有

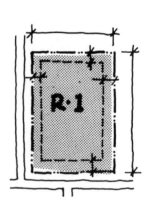

计划完成的功能。

12.即将改变场地尺寸特征的计划变更，例如，拓宽街道或者获得附加的所有权。

## 合法性

1. 所有权的法律描述。

2. 契约及限制（场地所在地区的使用许可、高度限制、机械设备的审查资格、屋顶元素的限制、建筑特征、历史性地区的设计需求等）。

3. 所有权者的姓名。

4. 拥有财产权、司法权的政府机关或机构的名称。

5. 以上各类中计划的或者潜在的改变。

## 自然环境

1. 地形地貌及轮廓。

2. 主要的地形地貌特征，例如，高点、低点、山脊、山谷、斜坡及平坦地区。

3. 场地的排水方式，包括地表的排水方向（与地形垂直），主要及次要的排水路线（沟渠、河床、小溪等），从附近地上到场地上和从场地上到附近地上的排水方式，以及任何附近地区与水相关联的模式，例如，高架系统或暴风雨时的排水沟。

4. 场地上现存的自然风貌，以及选择保存和增强或者变更和移除它们。这其中也包括了对永久性变更自然风貌的难度及花费的考虑。场地上的自然风貌可能包括树（树种

及尺寸）、地面覆盖物、露出地表的岩石、地表纹理、洞穴或沟渠、小山、场地上的水文（水池、池塘、湖泊、河流），以及场地内稳定的或不稳定的地区（已开发过的与未开发过的地区）。

5. 地表下不同层次的土壤类型及土壤的耐力，场地内土壤类型的分布。

## 人造环境

1. 场地上建筑物的尺寸、形状、高度及位置。如果这些建筑物仍需保留，那么外部特征及内部配置也应该记录下来。如果这些建筑物是项目中的一部分，那么我们也应该对建筑物的每一项设备进行详细的分析。

2. 墙壁、挡土墙、栅栏的位置及类型。

3. 外部游乐场、庭院、内院、广场、车道、步道或服务区的位置、尺寸及特征。

4. 记录下对于我们的设计工作特别重要的场所的人造铺面形式。

5. 路缘石、电线杆、消防栓或者公交车站的位置及尺寸。

6. 场地之外的人造环境，包括以上所列的在场地之上的各个元素，以及场地周围现有建筑物特性的细部分析。在设计历史性地区时，建筑物特性将成为一个特别重要的元素。在分析周围建筑环境特性时，应考虑的元素包括尺寸、比例、屋顶形式、门窗的形式、建筑物的退界距离、材料、

色彩、构造纹理、开放空间、建筑空间、视觉轴线、景观材料及模式、铺装的纹理及模式、墙面的多孔性（开放的程度）及阻隔性（进出）、连接性、细部及装饰、外部照明、户外的家具设备，以及停放车辆的各种方法。

## 动线

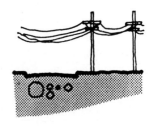

1. 场地内的人行道、路径，以及其他包括了使用者、目的、使用时段及使用数量的行人步行模式。

2. 使用与场地内特性相同的场地外步行移动模式。

3. 如果一种步行移动模式被认为是有价值的，是值得保存或者强化的，那么我们的分析还应该包括如何改善现存的步行移动模式。

4. 场地内及附近的车行移动模式，包括交通类型、起点及目的地、时刻表、交通流量及高峰承载。除此之外，还包括被中断的交通，例如，游行、节庆活动、音乐会、救火车路线、服务货车车队等。

5. 场地外或者附近地区交通工具行进的问题，例如，交通节点（建筑物、重要目的地或交通工具的起点的使用），以及其他的由场地上的交通定义的交通特征。附近的或者旁边的停车区域可以当作项目场地之外的停车处。场地之外的交通模式也应该包括场地到公共交通转运站的关系，场地内或附近的公交车站，新建筑物的使用者进入及离开

场地的方向。这些交通分析应该记载项目未来可能完成的程度。

6. 每一种使用新建筑物或穿越场地的步行及车行的最可能的或者最适宜的路径。

7. 记录步行穿越场地，开车穿越场地，或者经过对于我们的设计来说非常重要的那些地方所花费的时间（如在学校教室之间步行所花费的时间）。记录在城市中开车往返所花费的时间也是有帮助的（从场地到市中心、大学、购物中心等）。

## 公共设施

1. 电力、燃气、下水道、通信及供水设施的位置、容量和传送的形式（水管类型等）。就电力设施而言，应该包括每一项设施在地下的深度，以及在路面之上还是之下，还有电线杆的位置。

2. 公共设施管线终止于靠近场地边界的地方，应给予充足的距离。

3. 附近地区也有机会可以连接到公共设施，我们应该记录那些能够在场地上提供最好连接的位置或者边缘。这可能与公共设施管线的容量、排水沟及场地轮廓有关，因此应将公共设施通过场地的需求最小化，并予以集中。将公共设施放在场地的"背后"，或者与场地的障碍以及棘手的地质问题一并处理。

## 感官

1. 场地对外的视野，包括在场地上的什么位置视野不被阻碍，景色是什么样的，这个角度的视野能发现什么，景色是否会随着时间改变，以及长期视野持续的可能性。

2. 在场地边界内观察场地上引人注目的地点，包括景色是什么样的，景色好还是不好，什么位置景色最好，什么位置视野被阻碍，这个角度的视野能发现什么，以及视野中的景色是否会随着时间而改变。

3. 在场地边界外观察场地，包括街道、人行道、其他的建筑物以及街景。还包括何时首次看到场地，是在什么角度看到的，令人印象最深刻的景观，可以见到的最好的景色，从场地之外观察可能成为目标的特别有趣的地点，以及经过场地之外长期发展仍持续或被阻碍的潜在的视觉景观。

4. 从场地之外的位置穿越场地的视野，包括视野范围内的景色，存在于不同位置的景观，景色好还是不好，这个角度的视野能发现什么，以及经过长时间之后视野是否仍然保持开阔。

5. 场地或者场地周围主要噪声的位置、发生装置、时间表和强度。这项分析应该包括噪声长时间持续的可能性。

6. 场地或者场地周围主要气味、烟雾或者空气中其他污染物的位置、发生装置、时间表和强度。这项分析应该包括长时间持续的可能性。

## 人文

1. 附近地区文化的、心理的、行为的及社会学层面的记录。潜在的信息包括人口密度、年龄、家庭、民族、职业、就业模式、收入、娱乐偏好，以及非正式的活动或事件，例如，节庆活动、游行或集市、博览会。

2. 不良的邻里环境模式，例如，破坏文化或艺术品的行为，以及其他犯罪活动。

3. 邻里对于场地上计划设计及建造的项目的态度。

4. 邻里对于邻里环境内什么是正面的、积极的，以及什么是负面的、消极的事物的态度。

5. 邻里人口的永久关联性。

6. 从以上所提到的各项元素及观点来看邻里的倾向。

## 气候

1. 全年每个月份的温度变化，包括最高温、最低温，全年的温度极限值，以及每个月份每天日夜温差的平均值。

2. 全年每个月份的湿度变化，包括最大值、最小值，每个月的平均值，以及每个月最具代表性的一天。

3. 全年每个月份的降雨量变化，应该包括任何一天预期的最大降雨量。

4. 全年每个降雪月份的降雪量变化，应该包括任何一天预期的最大降雪量。

5. 全年季节盛行风向，包括风速，预期

白天及夜晚路径方向的变化，以及预期风速的最大值。

6. 夏至及冬至（高点及低点）太阳的轨迹，包括夏季及冬季一天中特定时间的太阳高度及方位（日出及日落，上午 9 点、中午及下午 3 点的位置）。

7. 各项能源的相关资料，例如，日光照射在场地上的单位温度或单位热量。

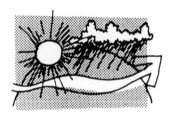

8. 潜在的天灾，例如，地震、飓风、龙卷风，包括场地所在的地震带分区，以及在这片区域内的自然灾害的历史记录。

依据不同的项目，上述课题中的某一些将显得比其他课题更为重要。一些范畴的分析有可能消失，新的需求应运而生。

我们应该避免过度关注分类系统的"合理性"，因为这可能使我们忽略场地分析的意义及重要性。与如何分类相比较，令场地分析涵盖场地元素的方方面面更为重要。

任何列表都有其先天的"危险性"。利用列表逐项检查使我们从手边的工作中获得心理方面的安慰变得容易。有时还可能给予我们不真实的安全感，认为只要简单地"放些东西"在每一个标题下，就可以轻易地完成场地分析的任务。我们不能让场地分析变成一种如填充资料柜似的简单的行为。

场地分析元素

场地元素

寻找元素之间的连接

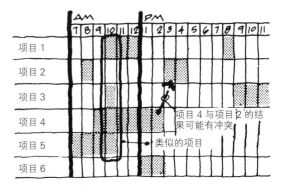

项目4与项目2的结果可能有冲突

类似的项目

我们的观念应该与过程相契合。我们应该思考找寻到的元素的含义，追根究底地分析主要及次要课题，直到我们觉得满意为止。我们必须跟随第一次接触到的人、事、物，直到确认哪些是不合适的，或者哪些确实是有价值的。绝对不能让列表上隐含的数据隔离妨碍了我们对于场地情况之间的关联性的了解。

这样做是有价值的，例如，通过将以典型一天及全年不同时间为框架的课题放在一起进行分析，我们了解到多种元素共同作用比单一元素作用于场地更有力量。这也让我们相当真实地体验到了场地上多种元素相互混合的作用力。

## 2.2.2 收集数据

在确定所需资料之后，我们应该整理数据的来源，然后收集这些数据。在一些项目中，这些资料必须通过他人获得，而在另外一些项目中，我们可以自己直接收集所需的资料。

资料的来源从城市到城市，以及从场地到场地都会有所不同。对某些类型的数据而言，单一来源就足够了，例如，数量或者技术类的数据，记住这一点非常重要。对于其他类型的数据而言，特别是质量类的数据，可能需要多个来源进行证实。

### 区位

地图可以通过仅仅标示出主要的高速公路和城市进行简化。一张大小适中的城市地图可以在大部分出版物中找到，我们只需要将场地与主要的街道或者地标连接起来。购买一张场地及附近地区的航拍图也是很有帮助的。这些地图以不同的比例制作，而通过照片，我们可以描绘邻里街道和各项设施。我们还可以通过政府规划部门提供的分区地图来描绘邻里环境。有关距离及旅程时间的资料必须通过实际的驾驶行为进行记录；有关步行动线的设计，必须通过实际的步行获得资料。

## 邻里环境

可以通过存有分区地图档案的政府规划部门获悉场地和邻里地区的分区。

约谈在这个地区工作的房地产经纪人和政府规划部门的规划师，以便了解关于分区计划的趋势。

在与当地商人、居民、房地产经纪人及规划师讨论项目用途的同时，必须观察该区现有的建筑物及外部空间的使用情况。还有一些课题需要进行直接观察，包括建筑模式、虚实关系、重要建筑物、弱势地区、街道照明，以及建筑物目前的情况等。

政府规划部门也应该思考特殊类型地区，例如"历史性地区"的现状及需求。

全年不同时间的光影模式需要考虑建筑物、景观及高度，以及在夏至、冬至、春分、秋分当日代表性时间上（早上9点、下午3点）的阴影模式。可以通过直接观察照片来估算建筑物的高度及面积。

通过查询标准规范或当地气象局，可以获得太阳方位角和高度角的资料。当地运输或交通规划部门应该可以提供关于场地周围交通现状及规划的资料。

特殊类型交通工具（垃圾车、公交车、消防车）的路线必须从每一个公司或机构进行收集。

## 尺寸及区域划分

如果我们打算测量场地地形，那么关于尺寸、区域划分、合法性、自然环境、人造环境的资料，就可以由测量工程师来收集和记录。

测量可以定制，所包含的场地资料的多少可以有所不同，这取决于我们自己能够完成多少测量工作，以及业主能够支付多少测量费用。一般来说，业主有责任向建筑师提供场地的测量资料。从我们的角度出发，我们认为应该收集所有的资料。

场地边界的尺寸必须通过直接测量来证实，但也可以从保险公司或税务部门获得文件资料。现在及未来道路的路权可以咨询政府交通部门，而关于附属设施，则可以咨询公共事业公司。所有的区域划分资料包括分级、退界、高度限制、建筑密度、用途、停车需求，以及目前的区域分级等。我们可以通过城市规划部门提供的地图来收集所需的资料。

关于场地的区域划分允许做的事情与业主想在场地上做的事情之间的矛盾，必须通过比较来解决。

如果存在矛盾，业主可以向规划部门提出变更申请，或者寻求另一处能够使全部计划顺利推行的场地。业主可以购买另外的产权，或者购买另一处场地的产权。还有一种选择是简单地修改计划以便适应区域划分的要求。可建面积的数据是由场地边界内的面积扣除场地的退界或者附属部分的面积获得的。一般来说，停车场和场地上的道路占据的是退界部分的面积。

## 合法性

大部分关于场地的法律资料包括法律描述、合同、限制，以及拥有产权证的业主。业主、保险公司及税务机构可以提供相关资料。法律资料的预期变更应该通过业主、专职司法机构、邻里协会、原来的所有权人，或者任何对于合同及限制有责任的当事人约谈处理。

## 自然环境

有关自然环境的大多数资料需要通过直接观察场地以及等高线地形图来记录。

等高线呈现在由测量工程师完成的地形图中。等高线的排列可以从 0.3 m 到 3 m，这是由场地决定的。在一块超大型的场地上，可能会有更多的等高线。如果必须制作等高线，那么我们应该自行开展地形的测量工作。我们可以通过站在场地的四个角上（如果场地情况允许）来体验场地的坡度，一旦确定了全部场地的高低差，就可以估算介于高点与低点之间的等高线距了。

如果需要更为精准的等高线数据，那么就必须开展更为正规的地形测量工作。主要的地形元素包括最高点、最低点、山脊、山谷、斜坡以及平坦地区，这些都直观地体现在地形图上。排水方式也需要直接观察。排水方式可与场地等高线相垂直。此外，我们

**31**

还应该发现场地低点主要的及次要的排水收集器。这些应该以进入场地及离开场地的排水方式被记录下来。

永久的建筑物及流动的水也应该记录在地形图上。水的边界将明显成为等高线及场地较低边缘线之一。

场地现有的自然元素包括树、覆盖物、突出的岩石、地表构造，以及土丘等，这些都需要直接观察并记录在地形图上。

我们还应该测量出重要元素的确定位置，评估它们与一些场地参考点之间的关系，并且将尺寸及方向记录在地形图上。

关于场地自然环境价值的意见及判断，可能以笔记的形式展现在记录场地自然环境的地图上。这也包括了对于项目设计位置的适当性及环境价值的预判。

土壤情况需要通过土壤勘探以及描述土壤类型及承载力的土壤报告获得。有时，土壤检测工作是在草图设计完成之后才进行的，因此只检测建筑物所在位置的土壤情况。如果大型场地上只有小部分的场地在进行开发规划，那么上述情况就会特别明显。土壤检测通常是由业主支付费用，由土壤工程师或检测公司来完成。

## 人造环境

场地上的各种元素通常都体现在由测量工程师完成的地形图上。这些元素包括建筑物、墙面、挡土墙、住宅、围栏、游乐场、庭院、露台、广场、车道、服务区、街角、电线杆、消防栓和公共候车亭等。

这些元素的尺寸及位置必须在场地上现场测量，还可以参照场地上的某些参考点。

在准确的位置资料并不是绝对重要的情况下，这些元素的尺寸及位置也可以通过观察场地航拍图预估获得。相关公司或者当地规划部门可以提供航拍图。

如果现存建筑物的内部空间配置是需要重点考虑的，那么最好能够拿到一套原始的施工图纸。如果没办法获得，那么只能实地测量，然后重新绘制一套。

我们可以用素描、照片及记录我们的观察与判断的笔记来呈现场地周围建筑物的特征。这样的方式对我们而言是非常有益处的，例如，画下多个街区的具有历史性的街道建筑物的一组立面，用以记录那一时期建筑物的全部外貌，以及建筑形式和细部的变化、节奏及频率。可能有已经完成的关于历史性地区的报告，其中记录了许多相关资料，我们可以通过当地规划部门获得。

## 动线

在先前的场地数据分类中，已经涵盖了所有街道、马路、小巷、人行道、广场等文件资料。"动线"主要是说明在这些道路系统上发生了什么。

场地内以及场地外的步行网络的资料可能包含对于现状的直接观察、以附近吸引人流的节点（如商店）为基础的规划，以及市政规划已经完成的研究方案（如市中心步行交通规划）。我们还可以通过与附近居民的交谈获悉关于动线模式的更多信息。

我们所要知道及了解的是：哪些人在使用这些动线？为什么要使用这些动线？何时使用？多少人在使用？他们的起点及终点在哪里？

关于如何能够强化或改进现有步行交通动线的问题，应该在场地设计开始时一并考虑，并且应该记录在使用现有模式为框架的分类图表上。

场地内、场地旁边以及邻近地区的车辆交通情况可以通过对现状的直接观察、以附近吸引人流的节点为基础的规划，以及市政规划已经完成的研究方案（如街道的承载模式）进行调查分析。

直接观察邻近地区或者场地旁边的停车情况，对于现状特别复杂的位置，我们可以通过航拍图开始分析工作。

公共交通路线与场地的关系可以通过从公交系统获得的路线图进行了解。我们还应该直接观察场地内或者邻近地区的公交车站及候车亭的位置。

建筑物的使用者到达及疏散的方向和路径（包括到达及疏散的方式），可以通过研究建筑物的类型、场地的位置与城市其他地块的关系，以及主要街道系统来规划。使用者（如职员、顾客、居民等）的特征、出发及到达的时间、到达及出发的方向都应该记录下来。

场地上特定的位置或者边界能够提供进入或者离开场地的最安全、最便捷的步行及车辆交通路径，这应该通过对所有动线信息的分析进行规划。这是设计决策的组成部分，也是应该记录在环境分析中的一个有价值的判断。

我们应该通过直接观察去调查旅程时间，通过步行去记录穿过场地所需花费的时间，通过开车去记录从场地到城市相关位置的时间长短。

## 公共设施

通过拜访各个公共设施公司或机构，可以获得关于公共设施的所有资料。一般来说，这些公司或机构可以提供一份记载所需资料的图表，我们需要根据这些记载现状及准确位置的图表来核查每项公共设施。

通过分析与场地情况相关的公共设施的资料，如到达建筑场地的准确距离、与场地障碍物的关系、土壤现状等，可以获得最佳的连接位置。

## 感官

关于场地及其周围所有视野的资料可以通过直接观察获得。我们还可以通过照片和素描来协助观察。

通过使用感知设备直接体验场地噪声，或者通过研究与噪声相关的其他信息（如交通、周围环境使用情况等），可以收集到有关场地噪声的资料。记录下噪声的密度、来源、频率、间隔及方向是非常重要的。

我们应该直接观察和体验场地上的气味、烟雾及其他污染。航拍图可以帮助我们识别最大污染源的来源及方向。季节风的方向，以及从白天到夜晚风向是如何变化的资料也是非常重要的。

## 人文

大量的资料可以从有关邻里环境的统计数据中获得。当地政府规划部门通常可以提供这些数据。与邻里机构或者社区服务、娱乐服务、零售服务、宗教服务、教育服务的代表进行讨论，有助于了解当地居民的构成情况及文化基础。如果缺少以上提到的获得资料的途径，那么我们可以与当地的居民代表进行访谈，但是这种方式效率比较低，而且有可能无法真正了解邻里的价值体系。

人文方面的考量会超越场地的局限，延伸至更大的政治和城市的范畴。是否将这些课题涵盖在环境分析当中，这要取决于我们对"项目环境"的定义。

## 气候

所有有关气候的资料都可以通过当地的气象服务机构获得。亲自拜访当地的专业人士也是非常有帮助的。他们可能服务于气象局、大学或机场等。

上述 11 项分类资料的分析还应该涵盖项目未来可能延伸到的区域。

## 2.2.3 画图

在收集场地资料的过程中，将资料制作成示意图是非常有帮助的。至于一张示意图应该精致到何种程度，这应该视示意图的作用及呈现的对象而定。在此，我们先假设每一张示意图都是精致的。

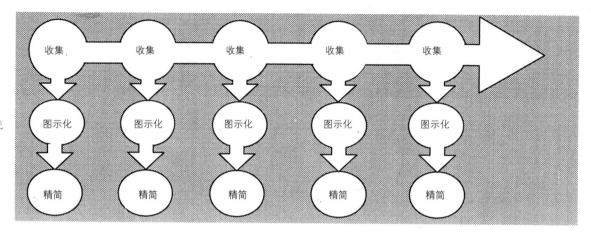

### 图示的架构

前面已经讨论过，至少有两种方式可以将资料图示化：一种是将各种资料整合成一张完整的示意图；另一种是将各种元素分解成不同的示意图。

整合的方式是将场地上所有的资料展现在一张图上，强调的是场地整体的情况，可以提醒我们注意每个环境元素之间的相互关系。

为了避免混乱，这种类型的示意图的尺寸相对来说较大。绘制这种示意图可能遇到的困难是图示变得太复杂。如果调查的是一块情况复杂的场地，那么这种困难就会特别明显。当我们决定以这种方式进行场地分析的时候，就必须对示意图保持一种清晰的、有层次的敏锐度，以便确保在绘制示意图的过程中能够将主要的场地课题以主要的图示强调出来。

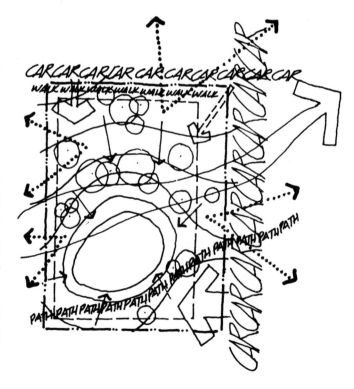

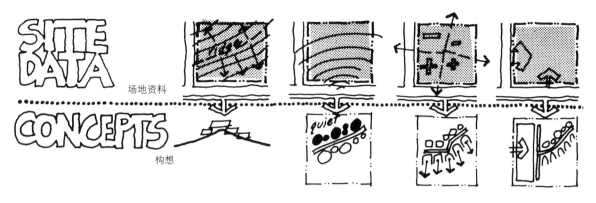

场地资料

构想

资料之间的关联

| 场地资料 | 场地资料 | 场地资料 | 场地资料 | 场地资料 | 场地资料 | 场地资料 |

受影响　　受影响　　受影响　　受影响　　受影响　　受影响

分解的方式是将场地的资料以简化的示意图分别记录。每当我们要呈现数据的时候，这些示意图就会反复出现。

这种较详细的列举的方式可以避免我们忽略任何一个场地元素，而且这种方式还可以使每一个数据表现得清晰又直观。因为每一张图都有它的简化图形，所以我们就有将平面图转换为透视图、剖面图、立面图的弹性，这种转换可以依据所要展示的资料的类型决定。

这使我们在开始设计方案时，可以用最适宜的配置概念来思考，以便反映每一个场地条件所代表的意义。这种方式可能遇到的困难是：一条一条地记录资料会导致一点一点地将设计做出来。无论采用整合的方式，还是分解的方式，我们都必须考虑如何做设计，以及哪一种方式最适合我们的思考方向。

相对来说，因为分解的方式能够清晰地说明绘制场地示意图的各种不同方法，所以我们在此以分解的方式来讨论一些绘制的技巧。

就算最后要将这些分解图合成一张图，我们还是希望在收集场地资料的时候能够分别记录，因为这个步骤使我们在分析场地时可以运用较小的、清晰的图来说明。这些分解图督促我们去思考资料之间的逻辑性及关联度。

| 场地资料 | —— ● 平面图 |
| 场地资料 | ● 剖面图 |
| 场地资料 | |
| 场地资料 | |
| 场地资料 | ● 立面图 |
| 场地资料 | |
| 场地资料 | ● 透视图 |
| 场地资料 | |
| 场地资料 | ● 等角透视图 |

其实，在我们运用整合的或者分解的方式时，"纯粹"并不是要探讨的课题。重要的是，我们在以整合的观点思考时，必须将资料一一分解来绘制；而以分解的观点思考时，必须将某些特定的资料整合起来。

## 场地底图

在我们绘制场地资料的草图时，可能需要各种形式、各种比例的场地底图。这些底图可能依据所要表现的环境情况的不同而包含不同的细部。

场地底图可以是平面图、剖面图、立面图、透视图或者等角透视图，至于到底应该选择哪一种，则要依据我们想记录的资料的类型以及观看这块场地最有利的角度而定（如顶视图、透视图等）。

在进行环境分析的过程中，我们可能会用到其中的几种底图，或者用到全部。底图的比例以及大小可以依据我们所要表现的示意图的复杂程度而定。此外，还要考虑将来是否要缩小这些底图以便整理成册或者制作简报。

邻近地区    周围环境

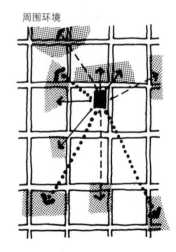

场地

如果从地理位置的角度出发研究场地上的某些特殊元素，那么就必须将底图延伸至场地外较大的范围，或者缩小至场地周边的范围。如果研究的是场地的邻近地区，那么就必须将底图扩大至包括几个街区的范围。

大多数的场地资料都是需要定位的，一般类型的场地底图通常包括场地用地红线、靠近场地的道路以及通往场地的道路等基本资料。

我们应该尽量将场地底图画得越简单越好，而且记录在底图上的资料应该突显出来，表现得比底图上的原有资料更为重要。

底图上绘制的线条应该浅淡一点，因为当我们进行环境分析时，底图永远是当作背景使用的。

我们可以先绘制出一张场地底图，然后用复印机复制，这样就不必一张张重新绘制。然后，我们就可以准备开始描绘记录场地的相关课题了。

## 图示的形式

绘制在场地底图上的图示需要表现的是：某些物体的品质或状态、行为或活动、一时无法证实的模式、暂时的课题、人的课题等。因此我们选用的图示形式应该能够记录及表达可见的和不可见的场地力量、压力、问题、潜力及极限。

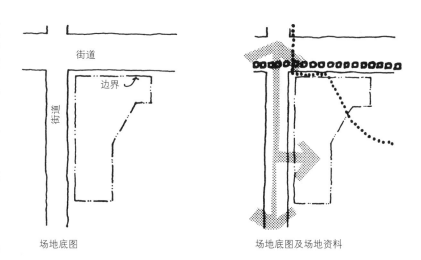

场地底图　　　　　　　　场地底图及场地资料

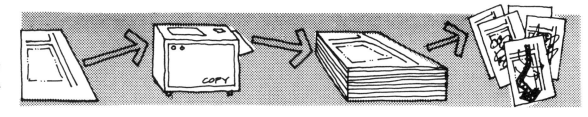

我们还希望能够勾画出未来的及潜在的场地环境课题。

接下来我们将呈现图示形式的一些范例，其内容是以一个虚构的场地为基础的。这些范例验证了表现场地资料，以及变数和可能性的典型方法。我们必须牢记：表达图示的方式有很多种，如果将这些范例中的图示形式结合起来，那么还将获得更多不同形式的表达。

**37**

# 场地分析案例

## ● 项目概要

我们以环境分析作为美国佛罗里达州塔拉哈西一栋新办公楼的设计的开端。这栋新建筑物包含 2 200 m² 的空间面积，场地需容纳 115 辆停放的汽车。

## ● 场地概要

场地位于塔拉哈西东南角，是商务花园的一部分（重要的设计条件）。商务花园中所有的地块都面对一个中央大池塘，而且有十分之三的地块已经开发。商务花园的 3 条边由现存的和即将开发的住宅区界定，第 4 条边是主要的街道及商业区。

该项目场地是一块角地（位于商务花园的西北角）。西边和北边是街道（中等交通量），街道的交角处有一栋具有历史价值的农业住宅。场地的东边和南边矗立着已经建成的办公楼。

场地还包括茂密的树林，地势呈西北至东南的走向（西北高，东南低），坡度为 13%。场地上公共设施管线齐备，而且人文及感官因素优良。

## ● 气候概要

塔拉哈西位于北纬 30°23′，西经 84°22′，海拔 16 m。气候炎热且潮湿。

温度范围由夏季的 32℃ 到冬季的 –1℃（有时是 –6℃）。全年湿度非常高，在夏季达到最高点。全年降雨量约为 1 500 mm，以春、夏季居多。季风平均风速约为 9.6 km/h（开阔地区）。

全年气候状况以晴朗无云、多云及阴为主，秋季是晴天最多的季节。

## ● 内容

# 区 位

● 塔拉哈西的地理位置

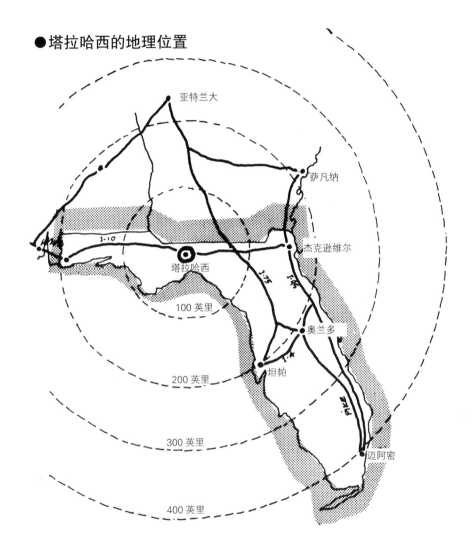

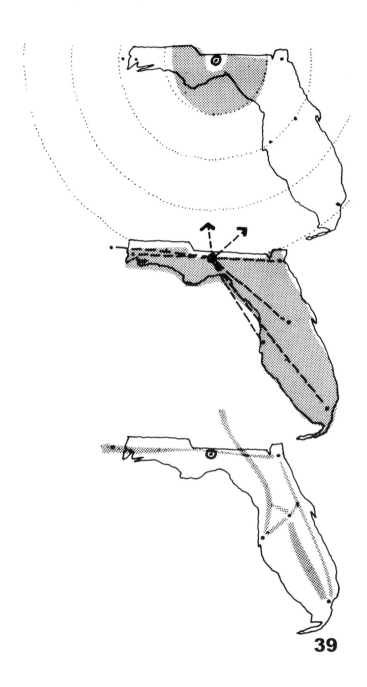

**39**

## ●城市邻近区域

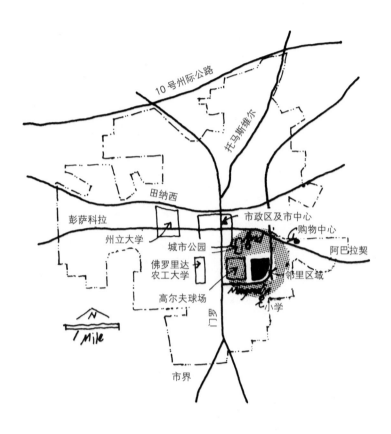

10 号州际公路

托马斯维尔

田纳西

彭萨科拉

州立大学

市政区及市中心

购物中心

城市公园

阿巴拉契

佛罗里达
农工大学

邻里区域

高尔夫球场

小学

N

市界

1 Mile

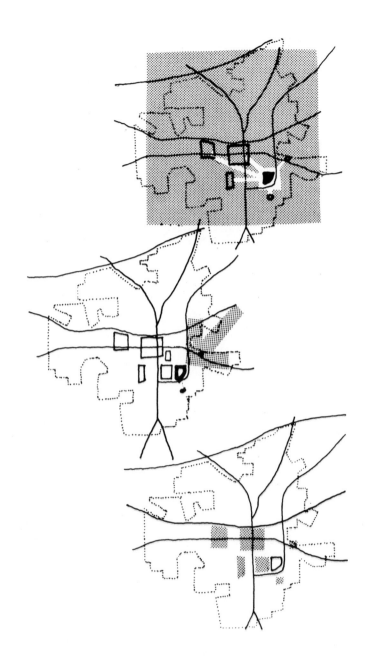

**40**

## ●场地与邻近地区的距离及可达时间

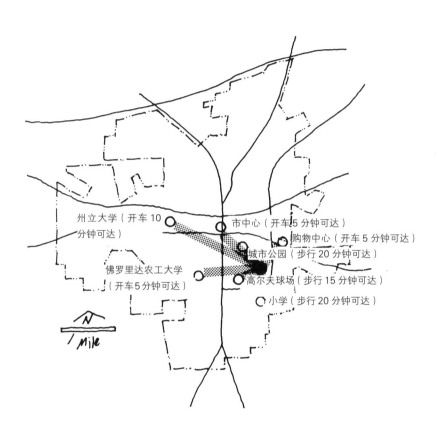

州立大学（开车 10
分钟可达）

市中心（开车 5 分钟可达）

购物中心（开车 5 分钟可达）

城市公园（步行 20 分钟可达）

佛罗里达农工大学
（开车 5 分钟可达）

高尔夫球场（步行 15 分钟可达）

小学（步行 20 分钟可达）

N
Mile

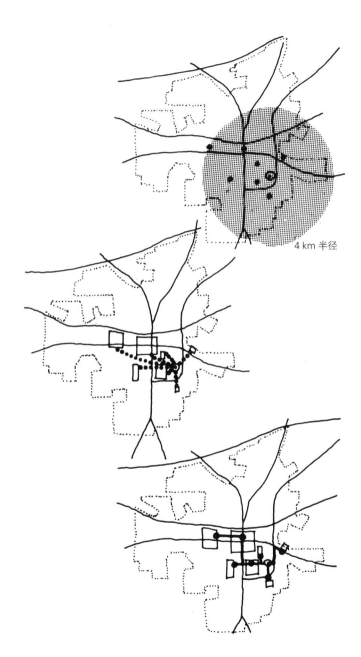

4 km 半径

## ●场地在邻近环境中的相对位置

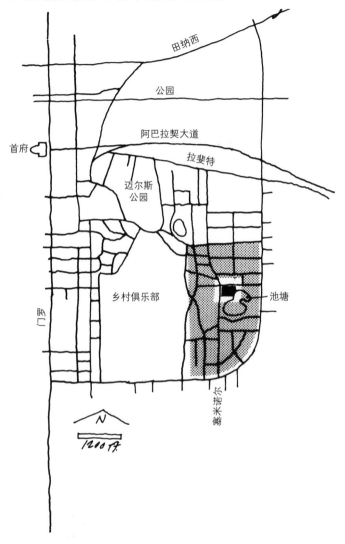

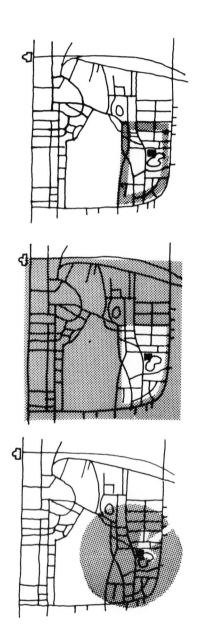

● 分区现状（详细说明请见塔拉哈西的分区条例）

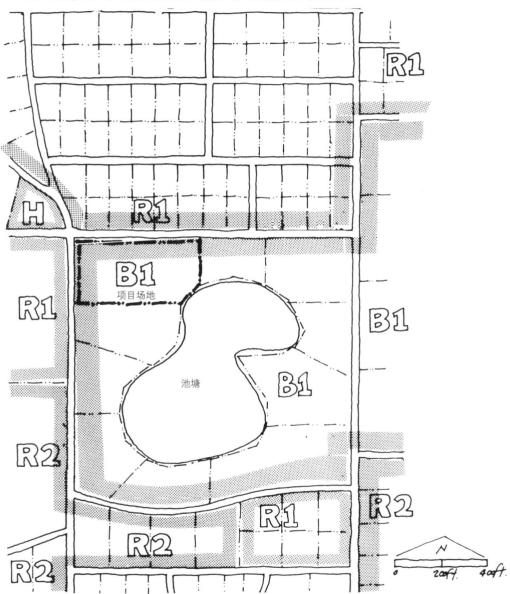

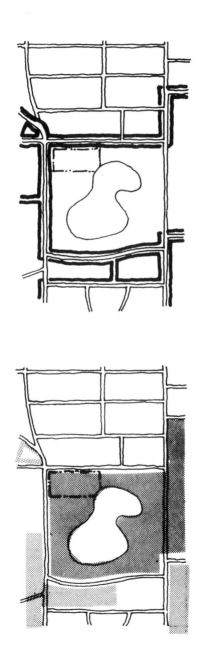

**43**

● 未来分区规划

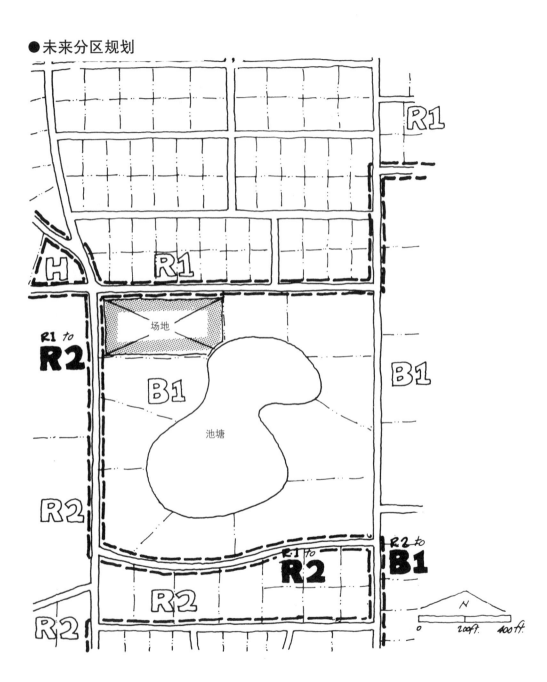

R1

R1

H

R1 to
**R2**

场地

B1

B1

池塘

R2

R2 to
**R2**

R2

R2 to
**B1**

R2

N
0    200ft.    400ft.

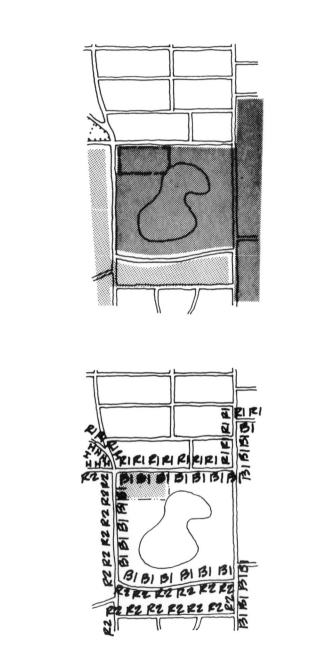

**44**

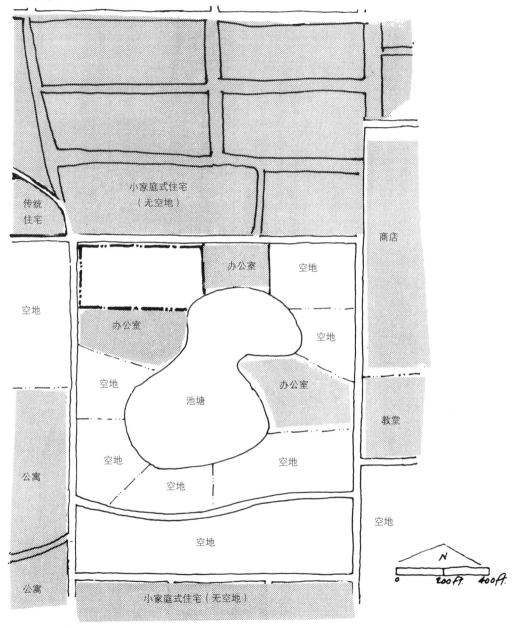

● 现有土地使用情况

传统
住宅

小家庭式佳宅
（无空地）

商店

办公室

空地

办公室

空地

空地

池塘

办公室

教堂

空地

空地

空地

公寓

空地

空地

空地

公寓

小家庭式住宅（无空地）

N

0    200ft.   400ft.

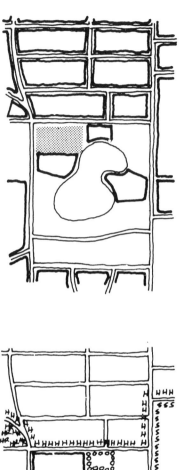

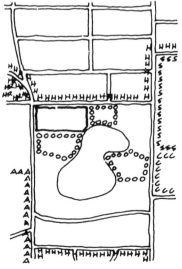

## ● 未来使用规划

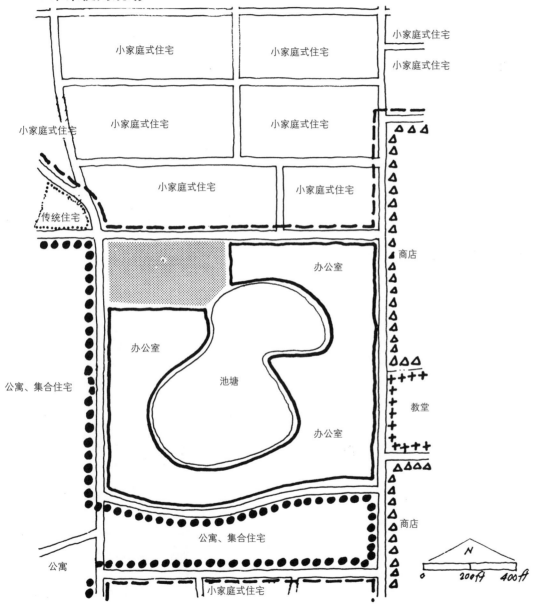

- 小家庭式住宅
- 小家庭式住宅
- 小家庭式住宅
- 小家庭式住宅
- 小家庭式住宅
- 小家庭式住宅
- 小家庭式住宅
- 小家庭式住宅
- 传统住宅
- 公寓、集合住宅
- 办公室
- 办公室
- 池塘
- 办公室
- 办公室
- 商店
- 教堂
- 商店
- 公寓、集合住宅
- 公寓
- 小家庭式住宅

N
0   200ft   400ft

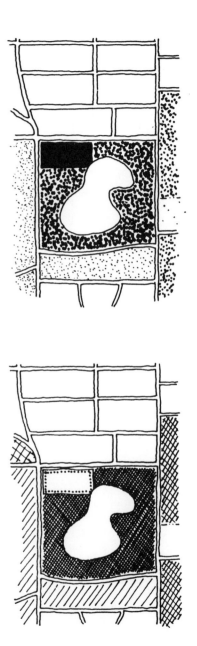

## ●现有建筑物使用情况

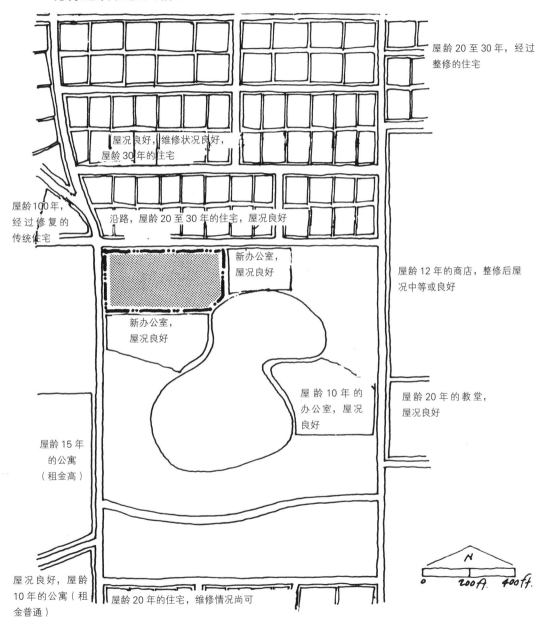

屋龄 20 至 30 年，经过
整修的住宅

屋况良好，维修状况良好，
屋龄 30 年的住宅

屋龄100年，
经过修复的
传统住宅

沿路，屋龄 20 至 30 年的住宅，屋况良好

新办公室，
屋况良好

屋龄 12 年的商店，整修后屋
况中等或良好

新办公室，
屋况良好

屋 龄 10 年 的
办公室，屋况
良好

屋龄 20 年的教堂，
屋况良好

屋龄 15 年
的公寓
（租金高）

屋况良好，屋龄
10 年的公寓（租
金普通）

屋龄 20 年的住宅，维修情况尚可

N
0    200ft.    400ft.

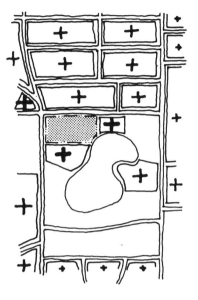

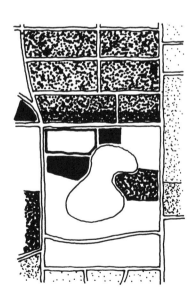

**47**

## ●户外空间使用情况

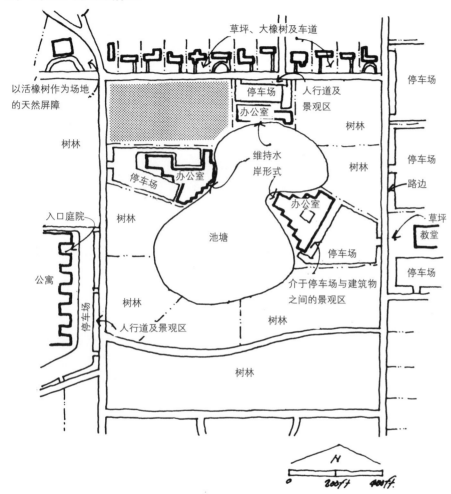

草坪、大橡树及车道

以活橡树作为场地的天然屏障

停车场

人行道及景观区

树林

办公室

停车场

树林

树林

路边

停车场

办公室

停车场

维持水岸形式

入口庭院

树林

办公室

草坪

教堂

停车场

公寓

停车场

池塘

停车场

介于停车场与建筑物之间的景观区

人行道及景观区

树林

树林

树林

N

0    200ft    400ft

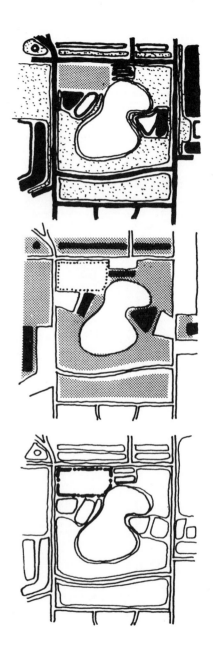

●户外空间的未来使用计划

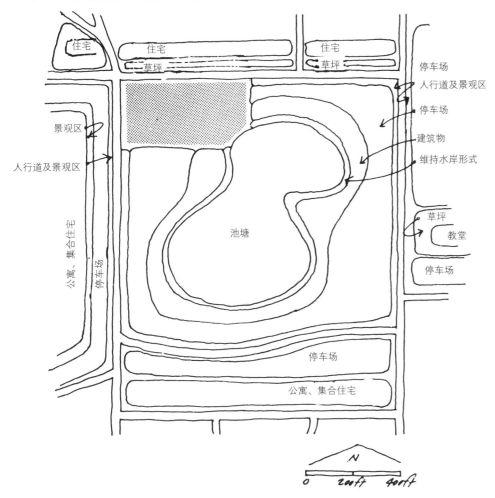

住宅

住宅
草坪

住宅
草坪

停车场
人行道及景观区
停车场
建筑物
维持水岸形式

景观区

人行道及景观区

公寓、集合住宅
停车场

池塘

草坪
教堂

停车场

停车场

公寓、集合住宅

N
0    2oo ft    4oo ft

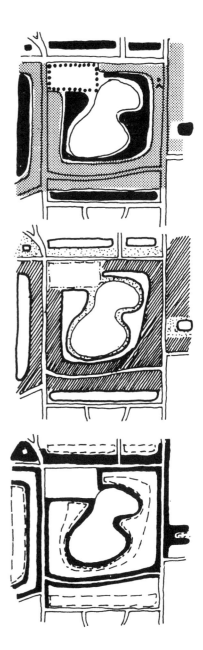

## ●人行动线及车辆交通

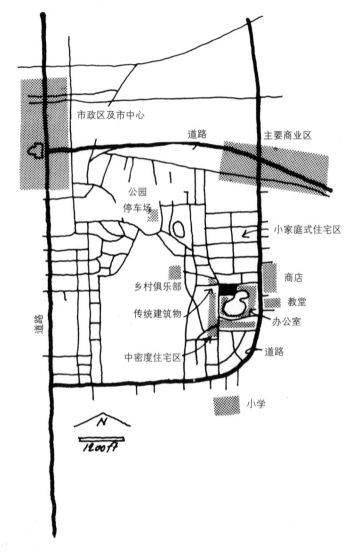

市政区及市中心

道路

主要商业区

公园

停车场

小家庭式住宅区

乡村俱乐部

商店

传统建筑物

教堂

办公室

中密度住宅区

道路

道路

小学

N

1200ff

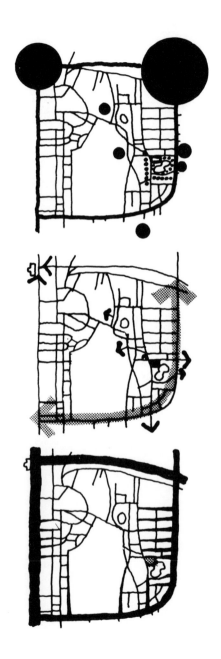

● 车流动线模式

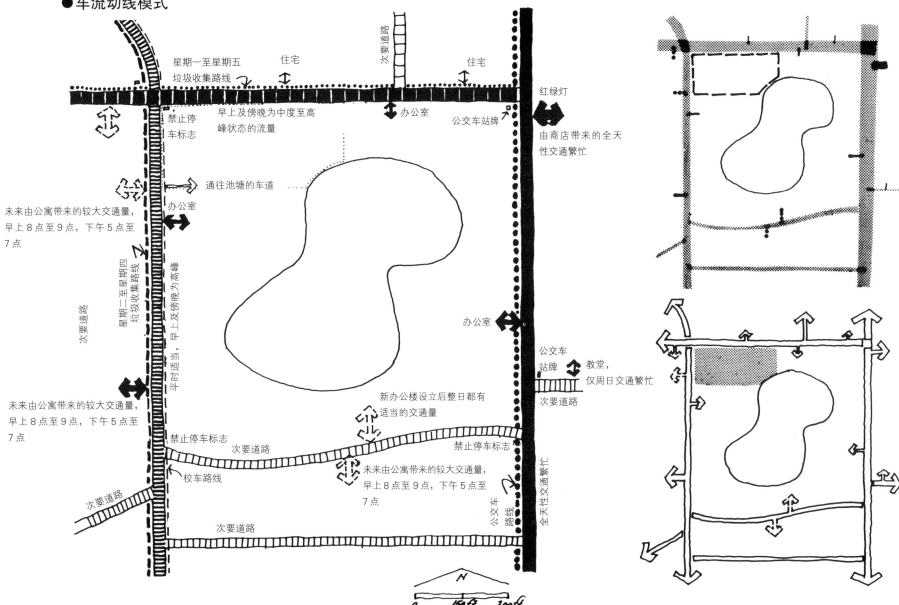

星期一至星期五
垃圾收集路线

住宅

次要道路

住宅

禁止停
车标志

早上及傍晚为中度至高
峰状态的流量

办公室

红绿灯

公交车站牌

由商店带来的全天
性交通繁忙

通往池塘的车道

办公室

未来由公寓带来的较大交通量，
早上8点至9点，下午5点至
7点

次要道路

星期二至星期四
垃圾收集路线

平时适当，早上及傍晚为高峰

办公室

公交车
站牌

教堂，
仅周日交通繁忙

次要道路

未来由公寓带来的较大交通量，
早上8点至9点，下午5点至
7点

禁止停车标志

次要道路

禁止停车标志

新办公楼设立后整日都有
适当的交通量

校车路线

未来由公寓带来的较大交通量，
早上8点至9点，下午5点至
7点

次要道路

次要道路

次要道路

公交车
路线

全天性交通繁忙

N

0        150ft.      300ft.

**51**

## ● 人流动线模式

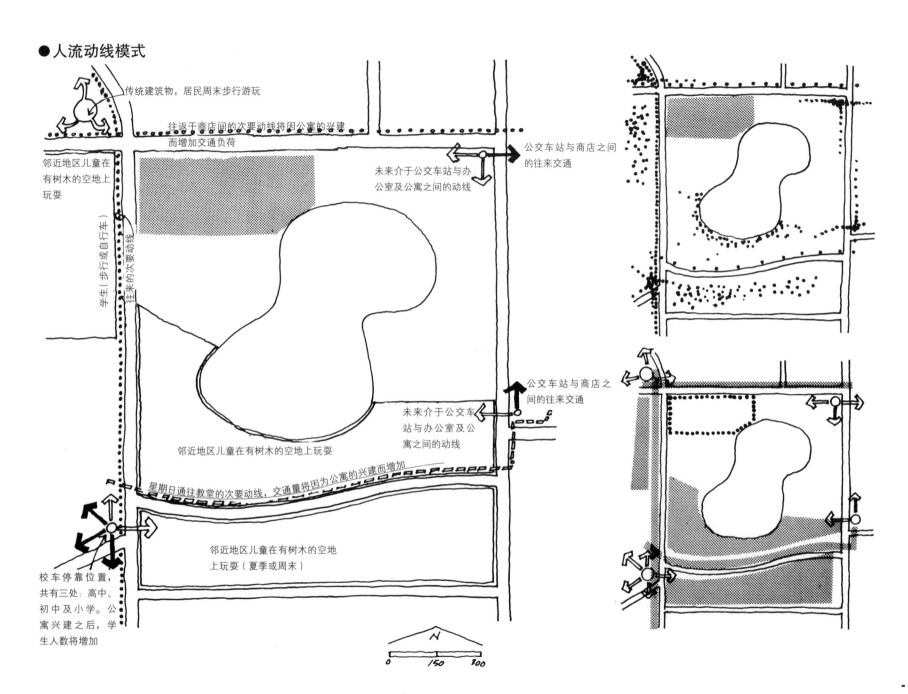

传统建筑物，居民周末步行游玩

往返于商店间的次要动线将因公寓的兴建而增加交通负荷

公交车站与商店之间的往来交通

邻近地区儿童在有树木的空地上玩耍

未来介于公交车站与办公室及公寓之间的动线

学生（步行或自行车）

往来的次要动线

公交车站与商店之间的往来交通

邻近地区儿童在有树木的空地上玩耍

未来介于公交车站与办公室及公寓之间的动线

星期日通往教堂的次要动线，交通量将因为公寓的兴建而增加

邻近地区儿童在有树木的空地上玩耍（夏季或周末）

校车停靠位置，共有三处：高中、初中及小学。公寓兴建之后，学生人数将增加

N

0      150      300

● 虚实空间关系

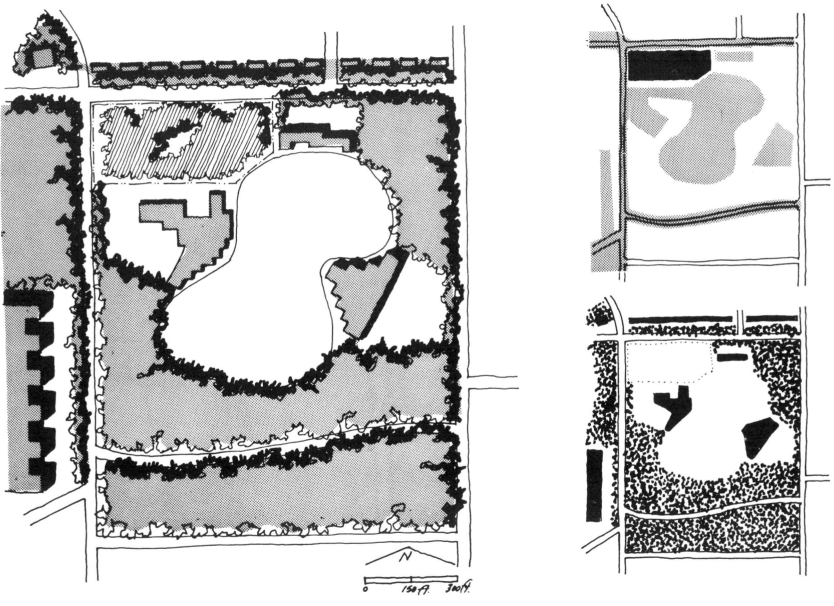

●户外照明形式

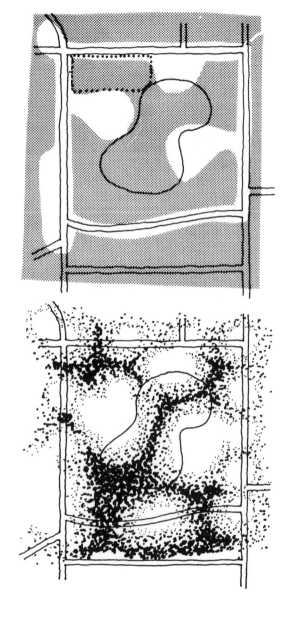

阴影部分光照度为 53 lx，虚线部分光照度为 10 lx

N

0    150 ft.    300 ft.

**54**

## ●有意义的建筑原型

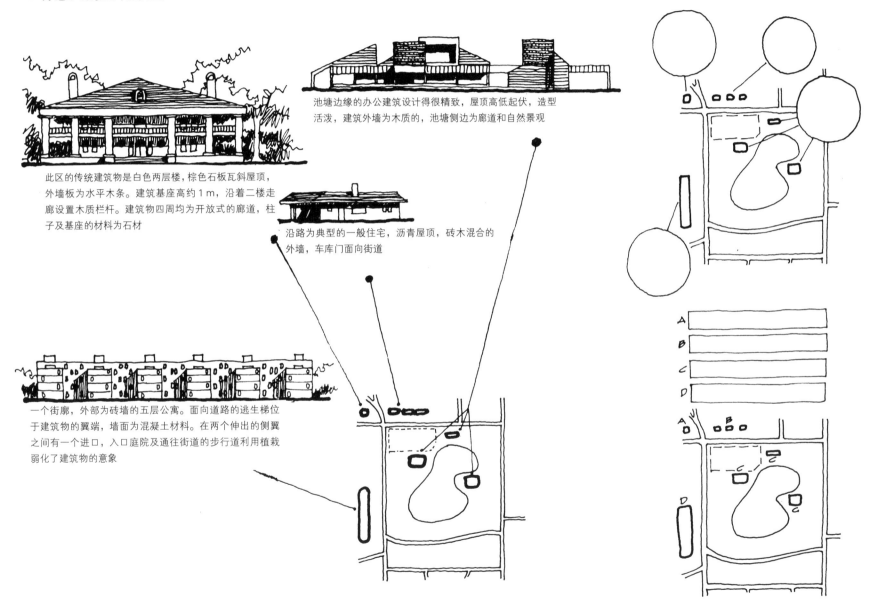

此区的传统建筑物是白色两层楼，棕色石板瓦斜屋顶，外墙板为水平木条。建筑基座高约1 m，沿着二楼走廊设置木质栏杆。建筑物四周均为开放式的廊道，柱子及基座的材料为石材

池塘边缘的办公建筑设计得很精致，屋顶高低起伏，造型活泼，建筑外墙为木质的，池塘侧边为廊道和自然景观

沿路为典型的一般住宅，沥青屋顶，砖木混合的外墙，车库门面向街道

一个街廓，外部为砖墙的五层公寓。面向道路的逃生梯位于建筑物的翼端，墙面为混凝土材料。在两个伸出的侧翼之间有一个进口，入口庭院及通往街道的步行道利用植栽弱化了建筑物的意象

**55**

## ●重要的分类

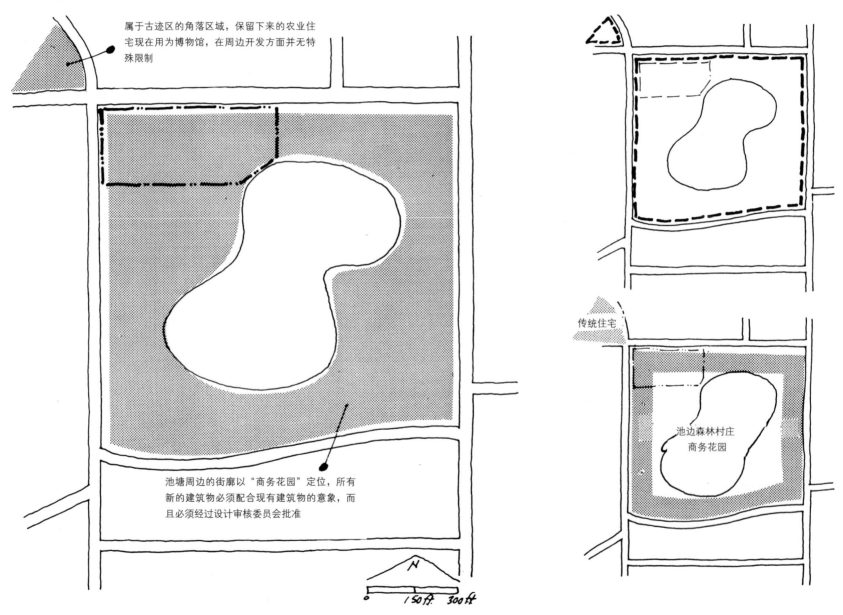

属于古迹区的角落区域，保留下来的农业住宅现在用为博物馆，在周边开发方面并无特殊限制

池塘周边的街廓以"商务花园"定位，所有新的建筑物必须配合现有建筑物的意象，而且必须经过设计审核委员会批准

N

0    150 ft.    300 ft

传统住宅

池边森林村庄
商务花园

## ●具有特殊价值或意义的邻近建筑物

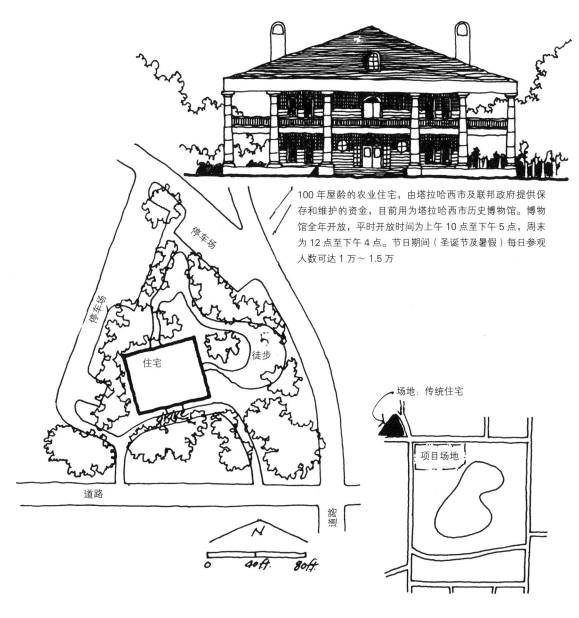

100 年屋龄的农业住宅，由塔拉哈西市及联邦政府提供保存和维护的资金，目前用为塔拉哈西市历史博物馆。博物馆全年开放，平时开放时间为上午 10 点至下午 5 点，周末为 12 点至下午 4 点。节日期间（圣诞节及暑假）每日参观人数可达 1 万 ~ 1.5 万

场地：传统住宅

项目场地

●日照阴影

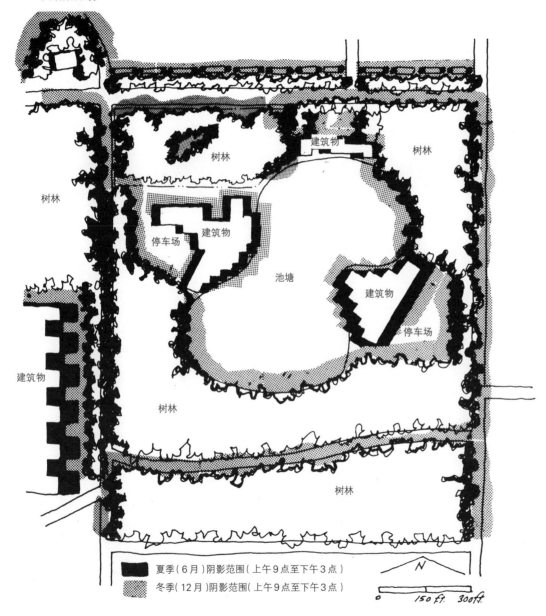

树林

树林

树林

建筑物

停车场

建筑物

建筑物

池塘

停车场

树林

树林

夏季（6月）阴影范围（上午9点至下午3点）

冬季（12月）阴影范围（上午9点至下午3点）

N

0    150 ft.    300 ft.

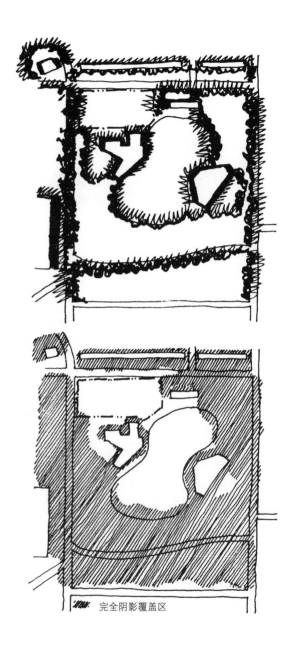

完全阴影覆盖区

● 地形

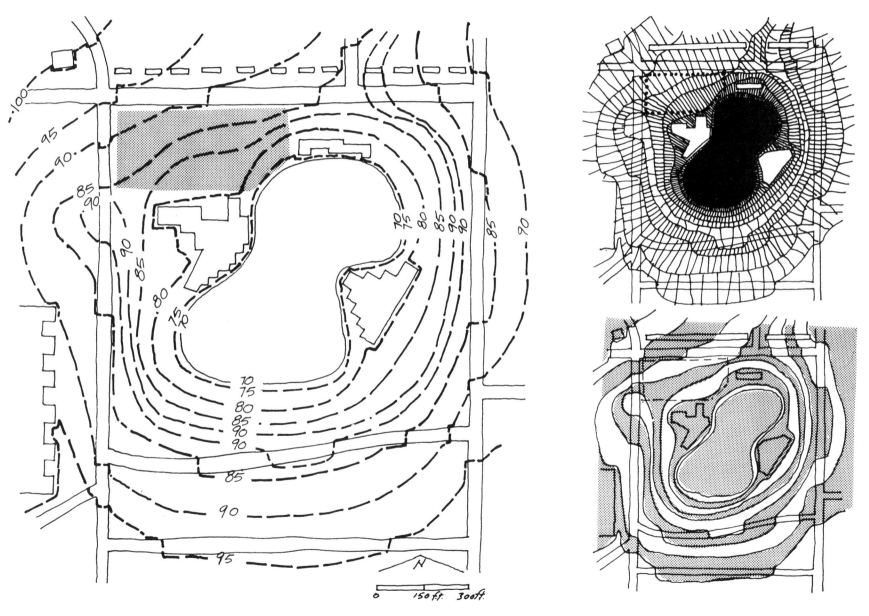

59

## ●主要地貌

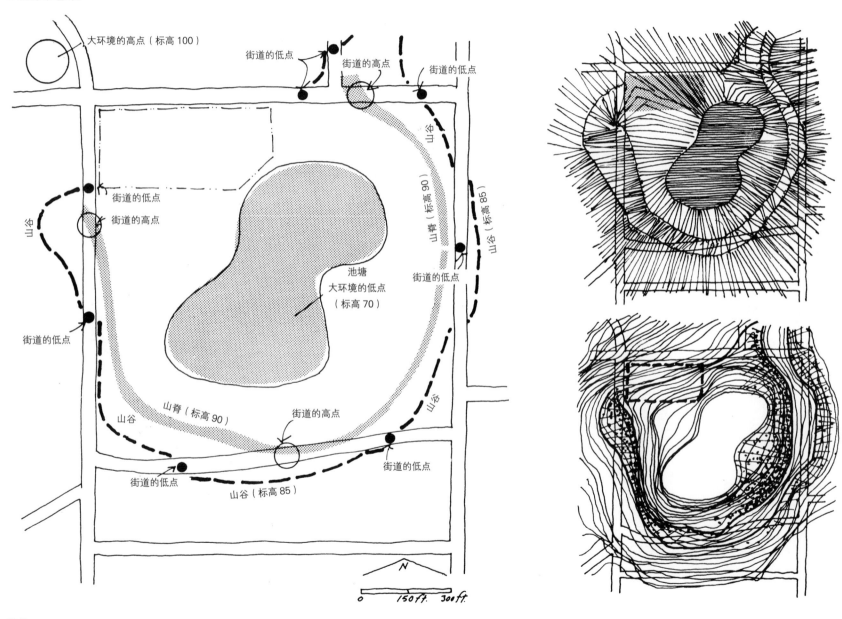

大环境的高点（标高 100）

街道的低点

街道的高点

街道的低点

街道的低点

街道的高点

山谷

山脊（标高 90）

山谷（标高 90）

山谷（标高 85）

街道的低点

池塘
大环境的低点
（标高 70）

街道的低点

山脊（标高 90）

山谷

街道的高点

街道的低点

街道的低点

山谷（标高 85）

N

0    150ft    300ft

● 地表的排水形式

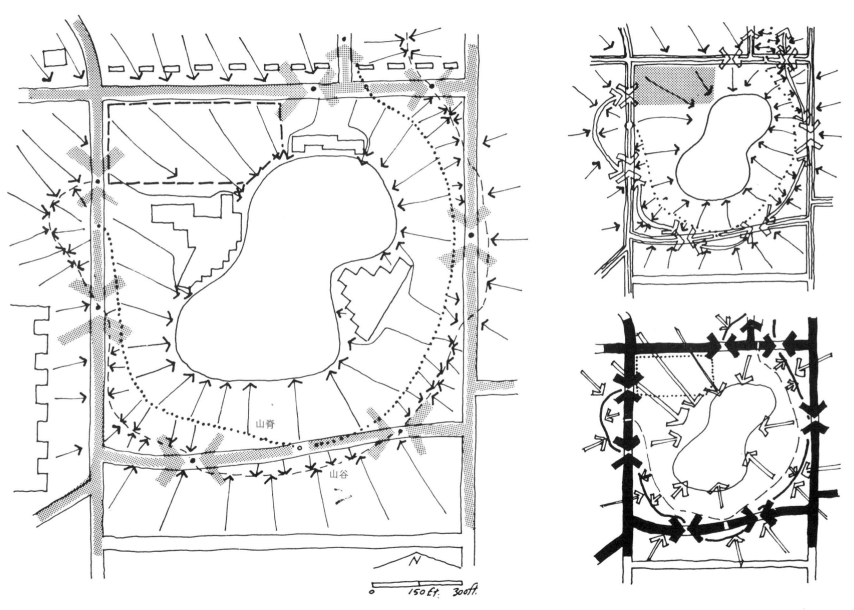

山脊

山谷

N

0    150 ft.    300 ft.

**61**

## ●地下排水沟系统

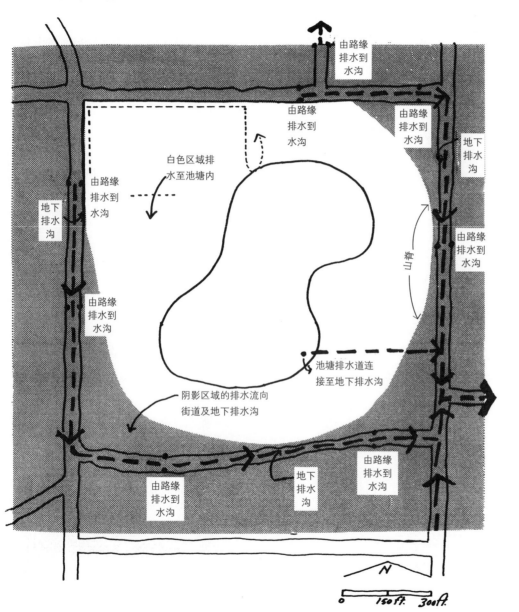

由路缘排水到水沟

由路缘排水到水沟

由路缘排水到水沟

地下排水沟

地下排水沟

由路缘排水到水沟

由路缘排水到水沟

由路缘排水到水沟

白色区域排水至池塘内

山脊口

池塘排水道连接至地下排水沟

阴影区域的排水流向街道及地下排水沟

由路缘排水到水沟

地下排水沟

由路缘排水到水沟

N

0   150 ft.   300 ft.

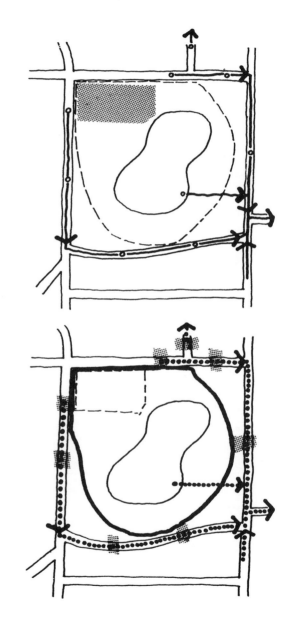

**62**

● 植被

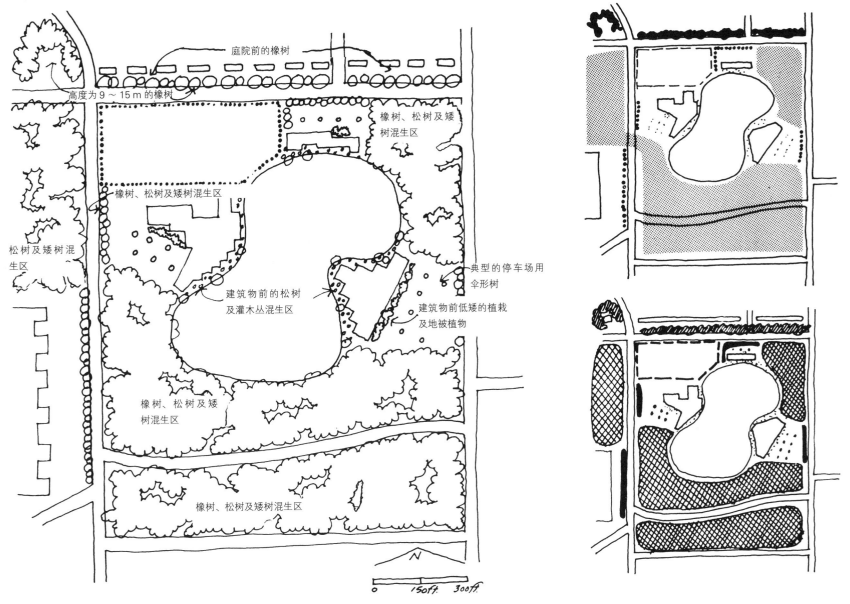

庭院前的橡树

高度为 9～15 m 的橡树

橡树、松树及矮树混生区

橡树、松树及矮树混生区

松树及矮树混生区

建筑物前的松树及灌木丛混生区

典型的停车场用伞形树

建筑物前低矮的植栽及地被植物

橡树、松树及矮树混生区

橡树、松树及矮树混生区

N

0    150ft.    300ft.

**63**

●用地红线及场地面积

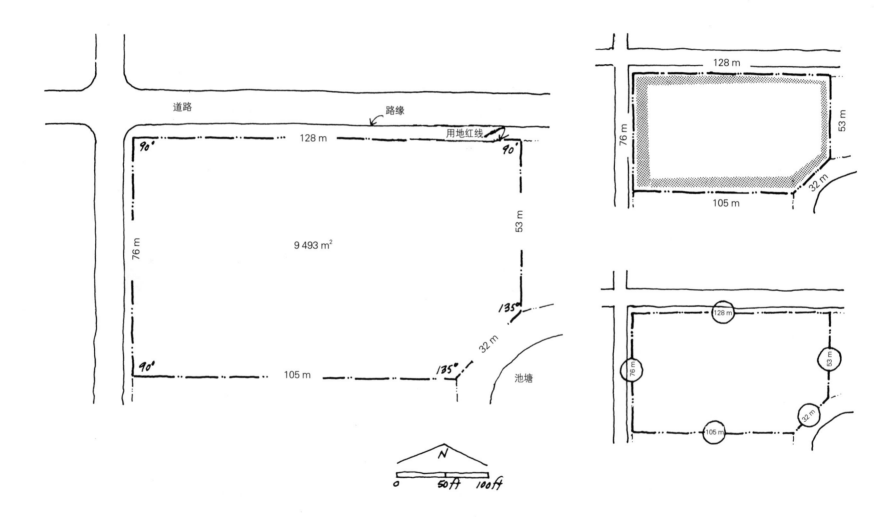

## ●路权范围

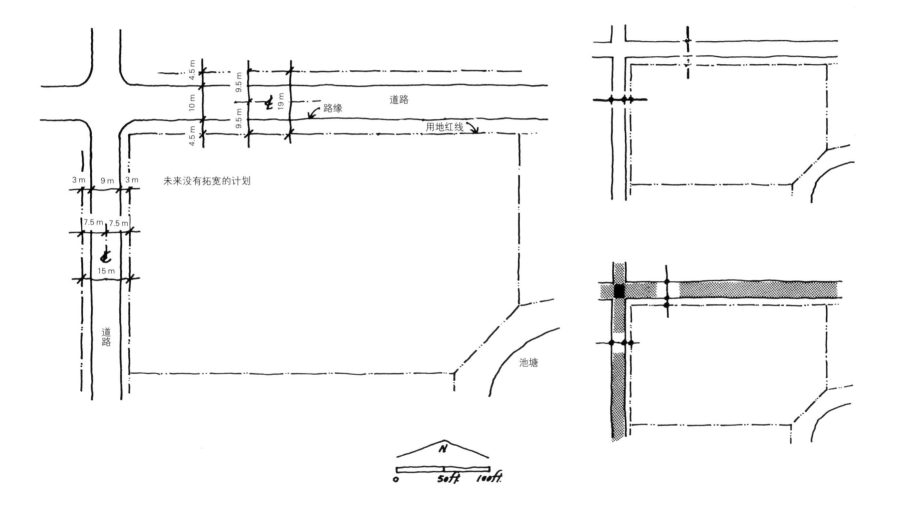

道路

路缘

用地红线

未来没有拓宽的计划

道路

池塘

N

0    50ft    100ft.

**65**

## ●地役权

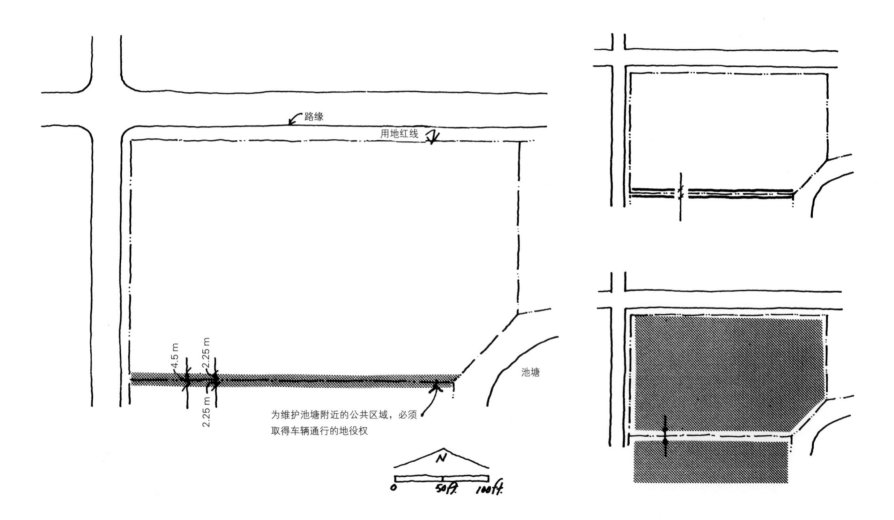

路缘

用地红线

4.5 m

2.25 m

2.25 m

池塘

为维护池塘附近的公共区域，必须
取得车辆通行的地役权

N

0    50ft.    100ft.

● 分区及退界

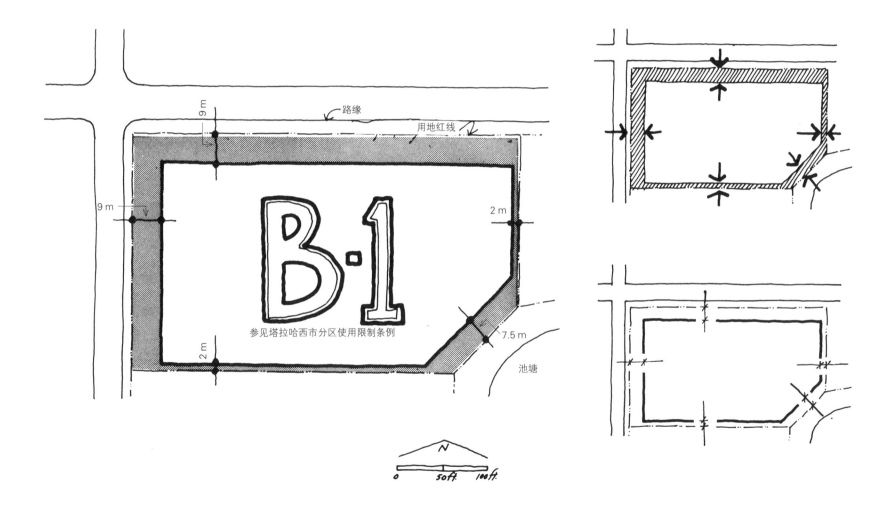

9 m

路缘

用地红线

9 m

2 m

**B·1**

参见塔拉哈西市分区使用限制条例

2 m

7.5 m

池塘

N

0    50ft.    100ft.

●净用地面积

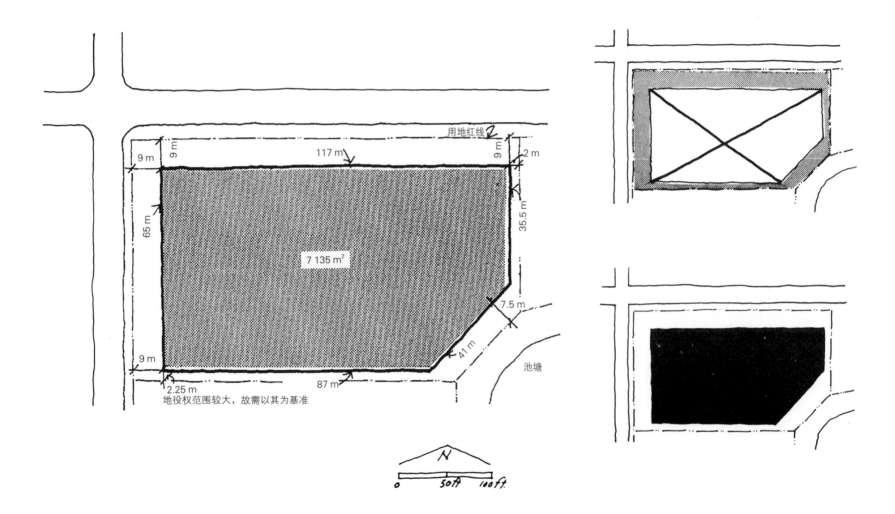

用地红线

117 m

9 m

9 m

9 m

2 m

65 m

35.5 m

7 135 m²

7.5 m

41 m

池塘

9 m

2.25 m

87 m

地役权范围较大，故需以其为基准

N

0    50ft    100ft

● 建筑密度及高度限制

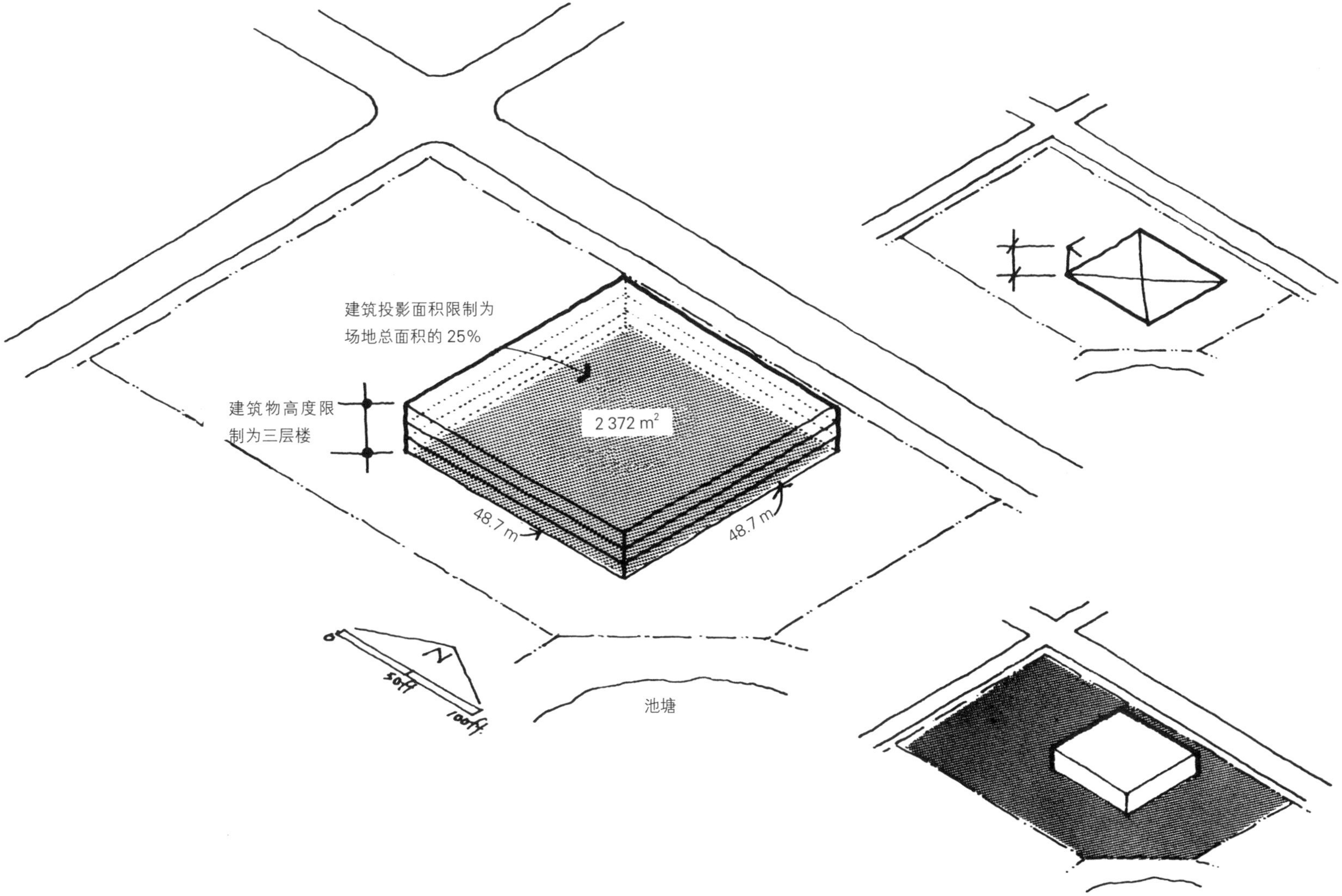

建筑投影面积限制为
场地总面积的 25%

建筑物高度限
制为三层楼

2 372 m²

48.7 m

48.7 m

N

50ft.

100ft.

池塘

**69**

## ●非沿街式停车空间

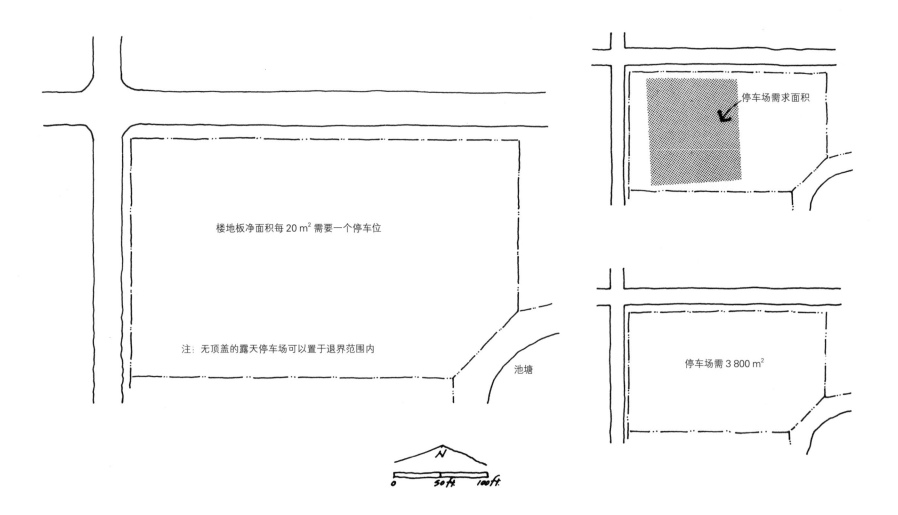

楼地板净面积每 20 m² 需要一个停车位

停车场需求面积

注：无顶盖的露天停车场可以置于退界范围内

池塘

停车场需 3 800 m²

N

0    50 ft.    100 ft.

## ●法规与合同

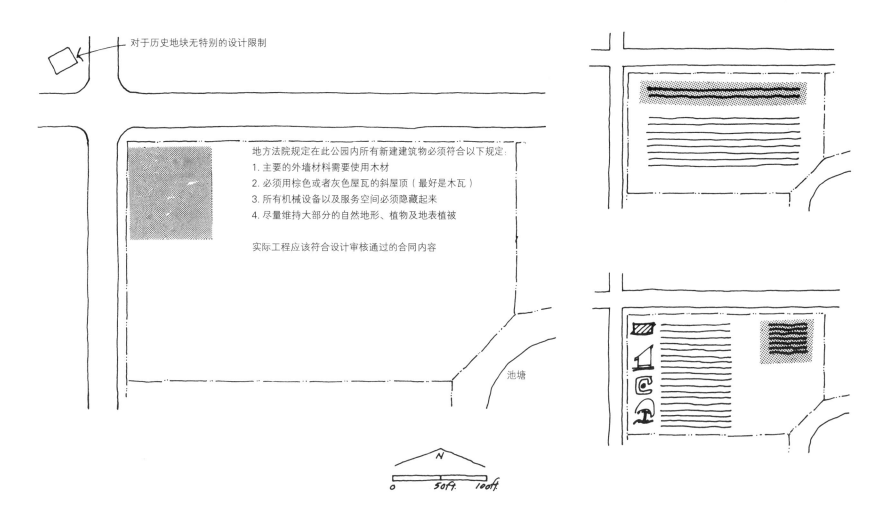

对于历史地块无特别的设计限制

地方法院规定在此公园内所有新建建筑物必须符合以下规定：

1. 主要的外墙材料需要使用木材
2. 必须用棕色或者灰色屋瓦的斜屋顶（最好是木瓦）
3. 所有机械设备以及服务空间必须隐藏起来
4. 尽量维持大部分的自然地形、植物及地表植被

实际工程应该符合设计审核通过的合同内容

池塘

N

0    50ft.    100ft.

**71**

●所有权与管辖权

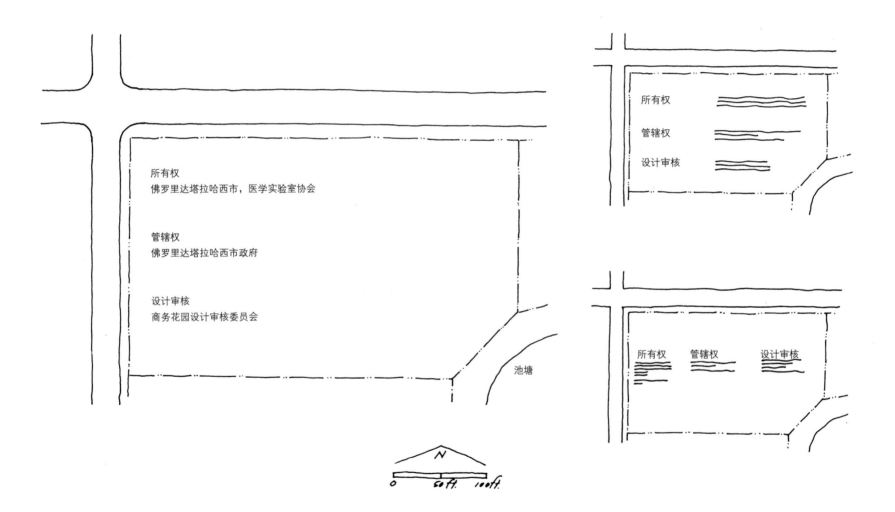

所有权
佛罗里达塔拉哈西市，医学实验室协会

管辖权
佛罗里达塔拉哈西市政府

设计审核
商务花园设计审核委员会

池塘

所有权

管辖权

设计审核

所有权　管辖权　　设计审核

N

0    50 ft.   100 ft.

●地形

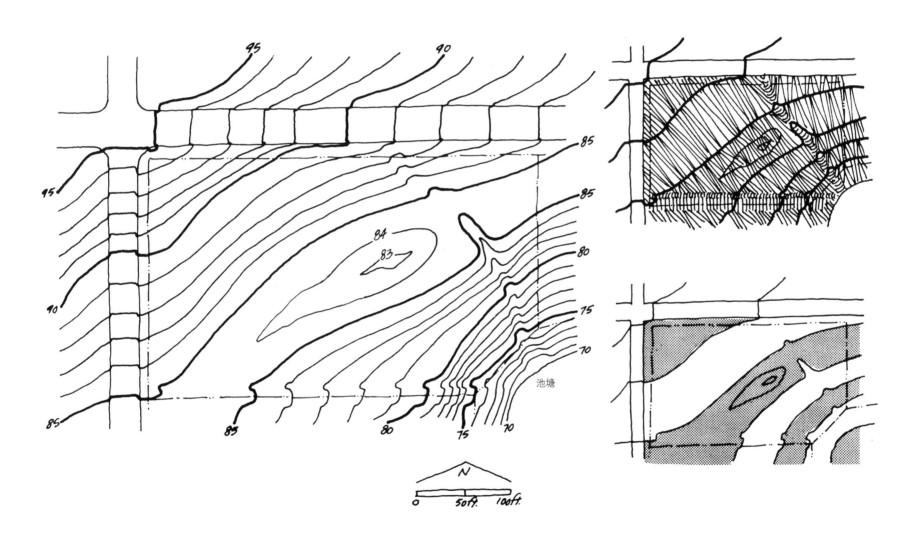

池塘

**73**

## ●主要地貌

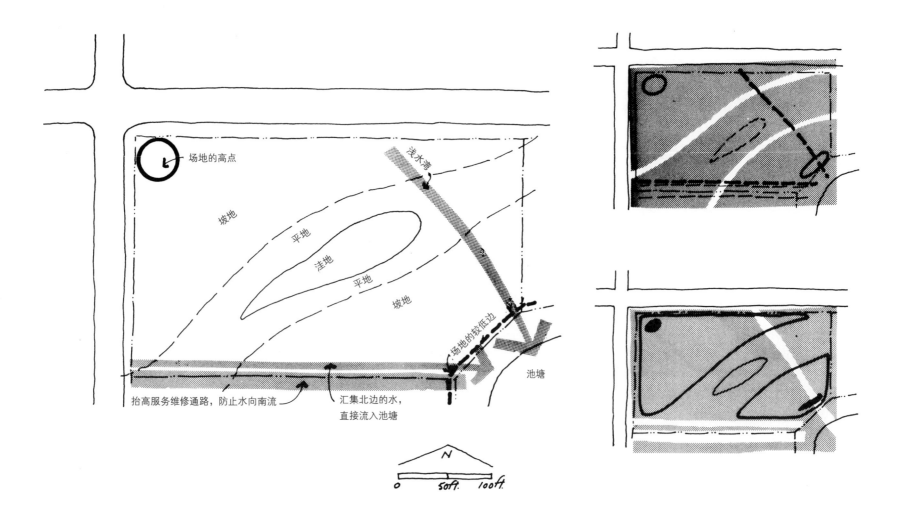

场地的高点

坡地

平地

洼地

平地

坡地

浅水湾

场地的较低边

池塘

抬高服务维修通路，防止水向南流

汇集北边的水，
直接流入池塘

N

0    50ft.    100ft.

● 坡度

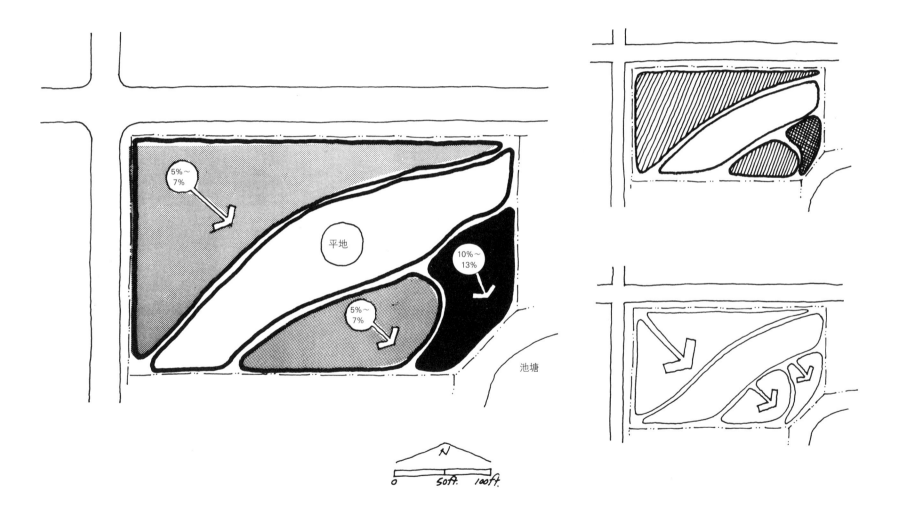

5%~
7%

平地

10%~
13%

5%~
7%

池塘

N

0    50ft.    100ft.

## ●地表排水模式

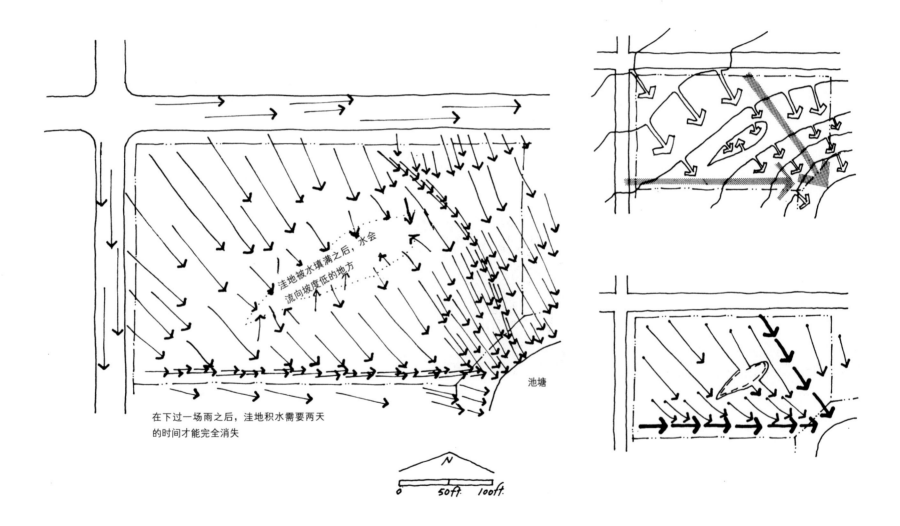

洼地被水填满之后，水会
流向坡度低的地方

在下过一场雨之后，洼地积水需要两天
的时间才能完全消失

池塘

N

0    50ft.    100ft.

## ●池塘

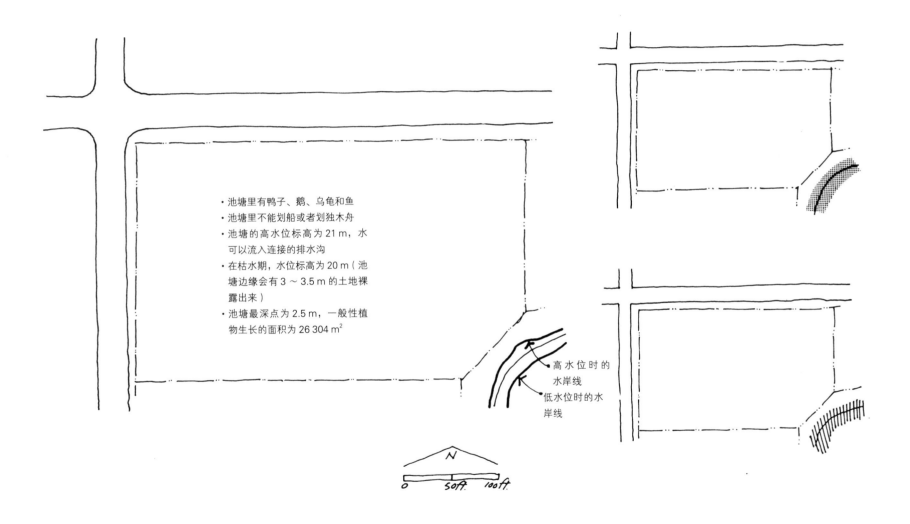

- 池塘里有鸭子、鹅、乌龟和鱼
- 池塘里不能划船或者划独木舟
- 池塘的高水位标高为 21 m，水可以流入连接的排水沟
- 在枯水期，水位标高为 20 m（池塘边缘会有 3～3.5 m 的土地裸露出来）
- 池塘最深点为 2.5 m，一般性植物生长的面积为 26 304 m²

高水位时的水岸线

低水位时的水岸线

N

0    50ft.    100ft.

## ●地表状态

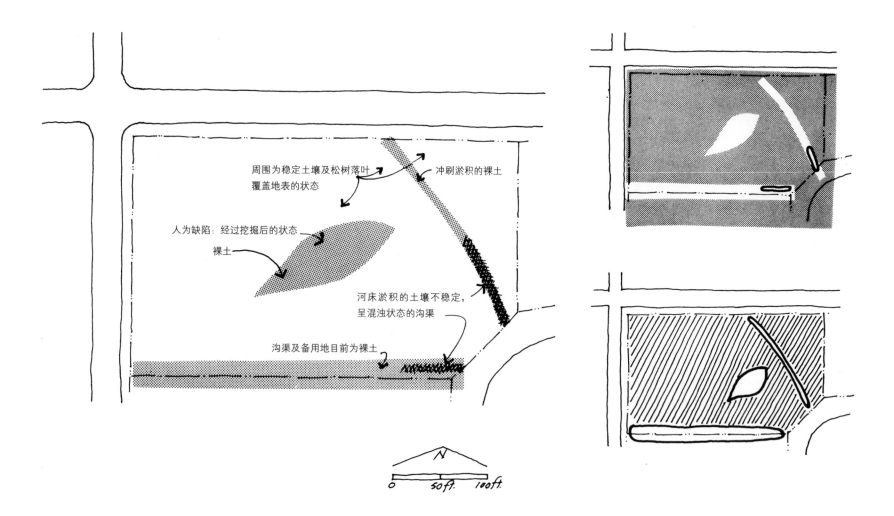

周围为稳定土壤及松树落叶覆盖地表的状态

冲刷淤积的裸土

人为缺陷：经过挖掘后的状态

裸土

河床淤积的土壤不稳定，呈混浊状态的沟渠

沟渠及备用地目前为裸土

N

0    50ft.    100ft.

## ●土质

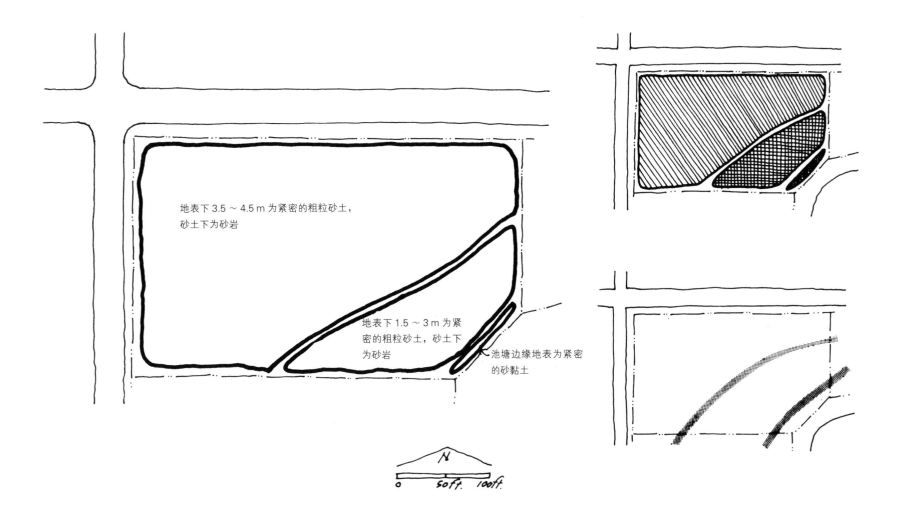

地表下 3.5～4.5 m 为紧密的粗粒砂土，
砂土下为砂岩

地表下 1.5～3 m 为紧
密的粗粒砂土，砂土下
为砂岩

池塘边缘地表为紧密
的砂黏土

N

0    50ft.    100ft.

## ●植物

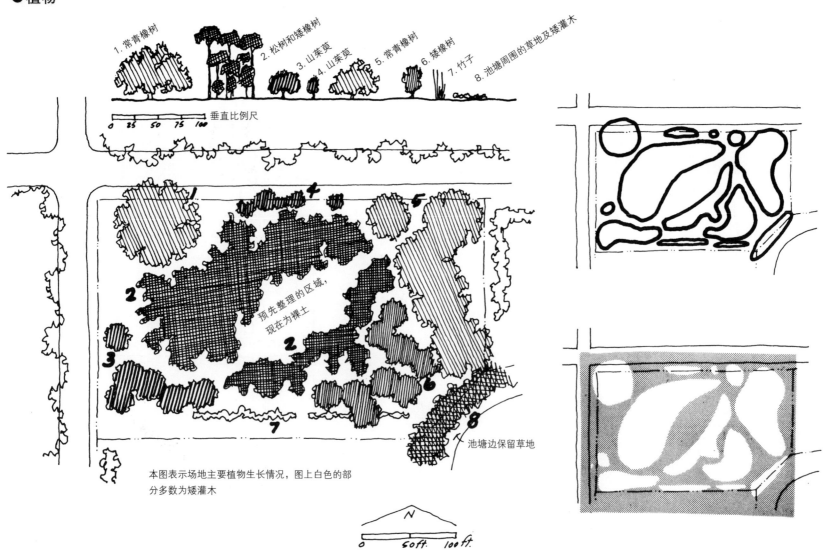

1. 常青橡树
2. 松树和矮橡树
3. 山茱萸
4. 山茱萸
5. 常青橡树
6. 矮橡树
7. 竹子
8. 池塘周围的草地及矮灌木

垂直比例尺

0  25  50  75  100

预先整理的区域,
现在为裸土

池塘边保留草地

本图表示场地主要植物生长情况,图上白色的部分多数为矮灌木

N

0  50 ft.  100 ft.

●场地特性

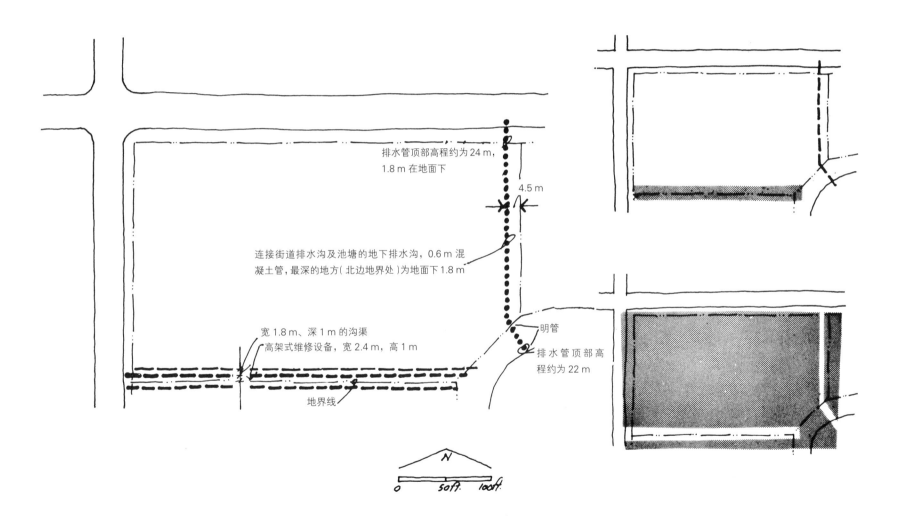

排水管顶部高程约为 24 m，
1.8 m 在地面下

4.5 m

连接街道排水沟及池塘的地下排水沟，0.6 m 混
凝土管，最深的地方( 北边地界处 )为地面下 1.8 m

明管

宽 1.8 m、深 1 m 的沟渠
高架式维修设备，宽 2.4 m，高 1 m

排 水 管 顶 部 高
程约为 22 m

地界线

N

0    50ft.   100ft.

## ●场地周围环境特性

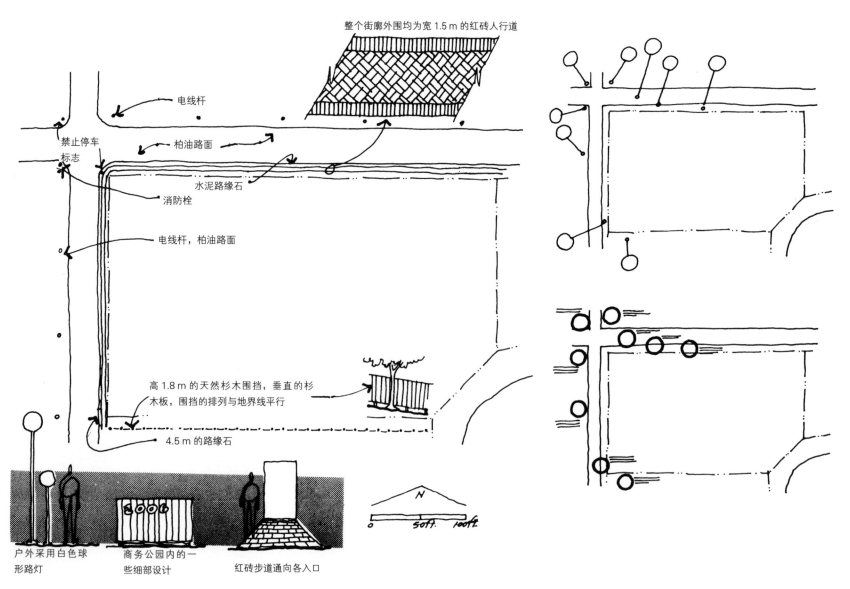

整个街廓外围均为宽 1.5 m 的红砖人行道

电线杆

禁止停车
标志

柏油路面

水泥路缘石

消防栓

电线杆，柏油路面

高 1.8 m 的天然杉木围挡，垂直的杉
木板，围挡的排列与地界线平行

4.5 m 的路缘石

N

0    50ft.    100ft.

户外采用白色球
形路灯

商务公园内的一
些细部设计

红砖步道通向各入口

# 动 线

## ●步行动线

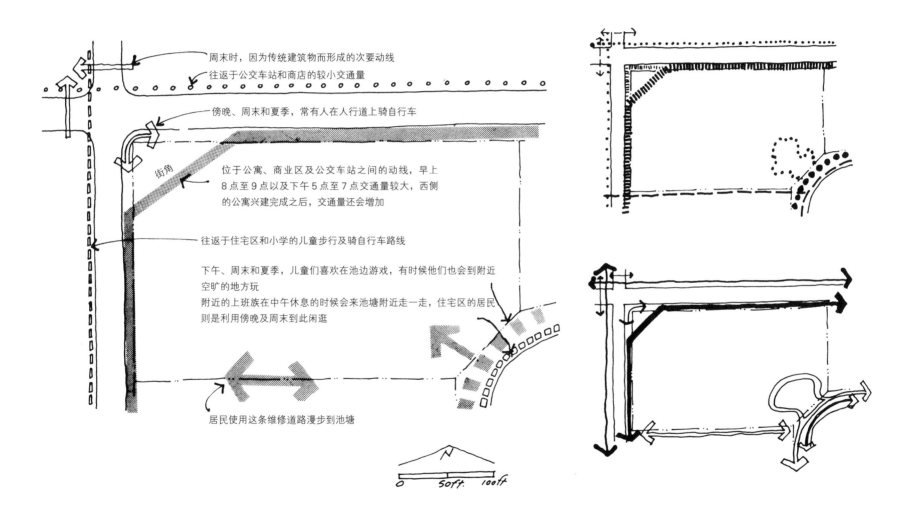

周末时，因为传统建筑物而形成的次要动线

往返于公交车站和商店的较小交通量

傍晚、周末和夏季，常有人在人行道上骑自行车

街角

位于公寓、商业区及公交车站之间的动线，早上
8点至9点以及下午5点至7点交通量较大，西侧
的公寓兴建完成之后，交通量还会增加

往返于住宅区和小学的儿童步行及骑自行车路线

下午、周末和夏季，儿童们喜欢在池边游戏，有时候他们也会到附近
空旷的地方玩
附近的上班族在中午休息的时候会来池塘附近走一走，住宅区的居民
则是利用傍晚及周末到此闲逛

居民使用这条维修道路漫步到池塘

N

0        50ft.        100ft

## ●车辆动线

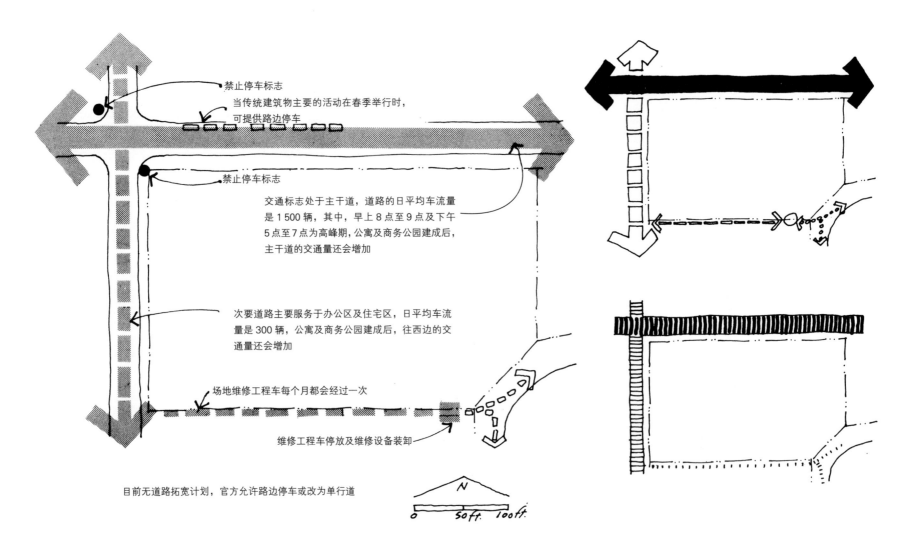

禁止停车标志

当传统建筑物主要的活动在春季举行时，可提供路边停车

禁止停车标志

交通标志处于主干道，道路的日平均车流量是1500辆，其中，早上8点至9点及下午5点至7点为高峰期，公寓及商务公园建成后，主干道的交通量还会增加

次要道路主要服务于办公区及住宅区，日平均车流量是300辆，公寓及商务公园建成后，往西边的交通量还会增加

场地维修工程车每个月都会经过一次

维修工程车停放及维修设备装卸

目前无道路拓宽计划，官方允许路边停车或改为单行道

N

0    50ft.    100ft.

● 电力、煤气及电信

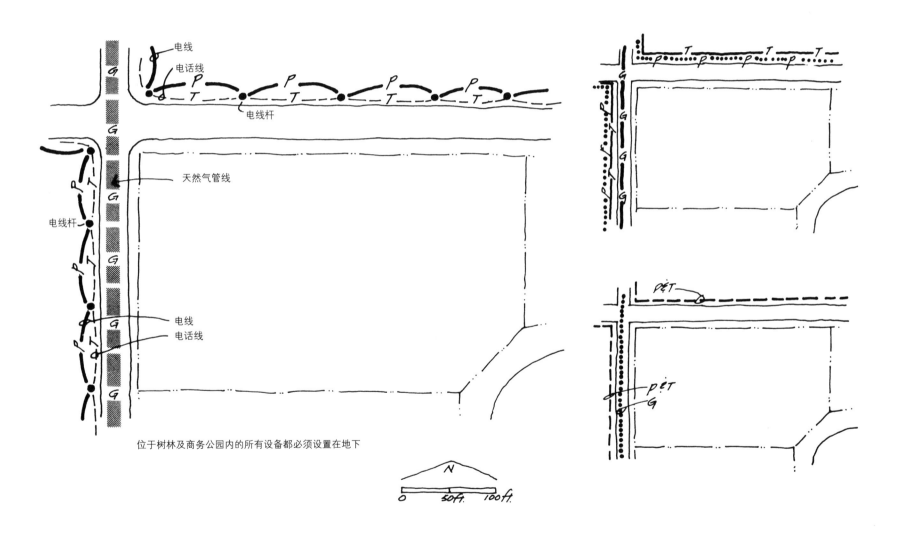

天然气管线

电线
电话线
电线杆

电线
电话线

电线杆

位于树林及商务公园内的所有设备都必须设置在地下

## ●给排水

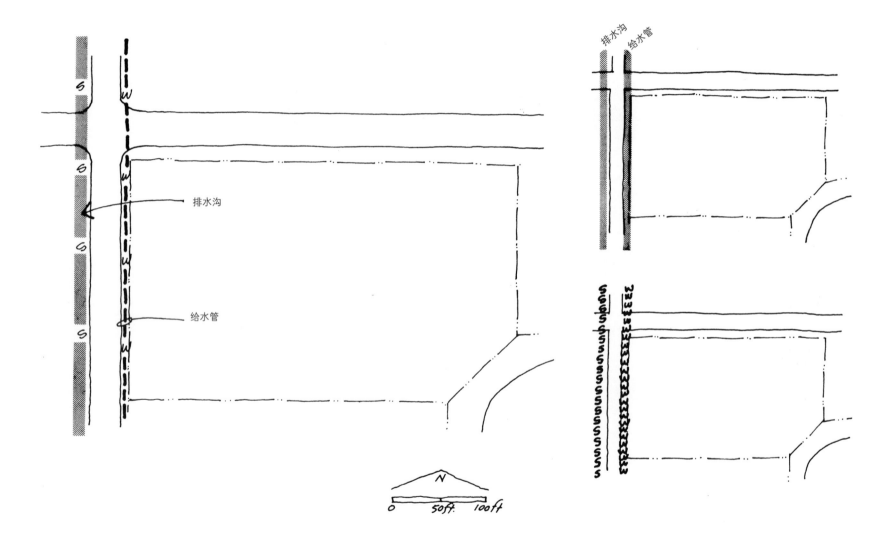

排水沟

给水管

排水沟　给水管

N

0　50ft　100ft

## ●由场地外望向场地的视野

箭头的粗细表示在设计上反映的视野景观的重要程度

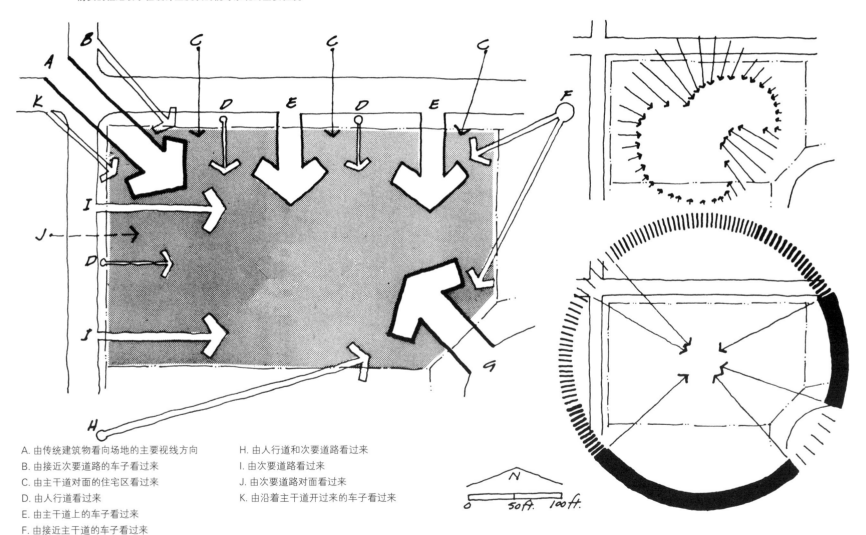

A. 由传统建筑物看向场地的主要视线方向

B. 由接近次要道路的车子看过来

C. 由主干道对面的住宅区看过来

D. 由人行道看过来

E. 由主干道上的车子看过来

F. 由接近主干道的车子看过来

G. 由池塘对岸的建筑物看过来的主要视线方向

H. 由人行道和次要道路看过来

I. 由次要道路看过来

J. 由次要道路对面看过来

K. 由沿着主干道开过来的车子看过来

N

0    50ft.    100ft.

## ●场地周围景观

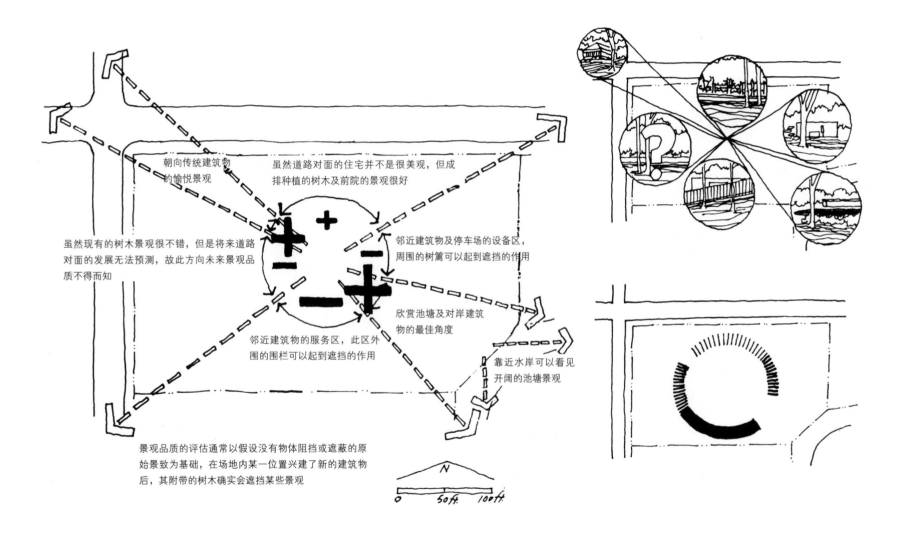

朝向传统建筑物
的愉悦景观

虽然道路对面的住宅并不是很美观，但成
排种植的树木及前院的景观很好

虽然现有的树木景观很不错，但是将来道路
对面的发展无法预测，故此方向未来景观品
质不得而知

邻近建筑物及停车场的设备区，
周围的树篱可以起到遮挡的作用

欣赏池塘及对岸建筑
物的最佳角度

邻近建筑物的服务区，此区外
围的围栏可以起到遮挡的作用

靠近水岸可以看见
开阔的池塘景观

景观品质的评估通常以假设没有物体阻挡或遮蔽的原
始景致为基础，在场地内某一位置兴建了新的建筑物
后，其附带的树木确实会遮挡某些景观

N

0        50ft.    100ft.

**88**

## ●场地上各位置的景观品质

最差的景观方向
较差的景观方向
好的景观方向
较好的景观方向
最好的景观方向

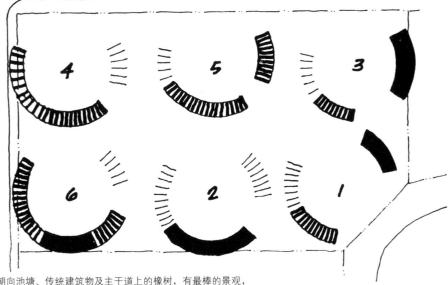

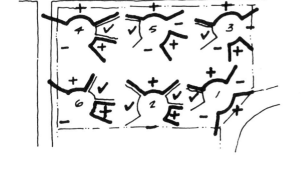

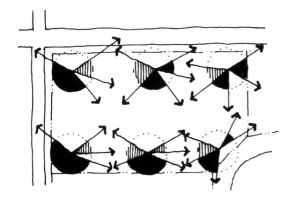

1. 朝向池塘、传统建筑物及主干道上的橡树，有最棒的景观，
   南向有围栏遮挡
2. 除了南向的景观之外，其他方向的景观都很好
3. 池塘方向及沿着主干道植栽的树木都是不错的景观
4. 朝向传统建筑物及主干道的景观还不错。朝向池塘的方向，
   因为场地上建筑物的原因，有景观上的遮挡
5. 南向为服务空间
6. 东北向保持了不错的景观，朝向传统建筑物及池塘的方向有
   其他视觉上的遮挡物

N

0    50ft    100ft

● 场地上的趣味点

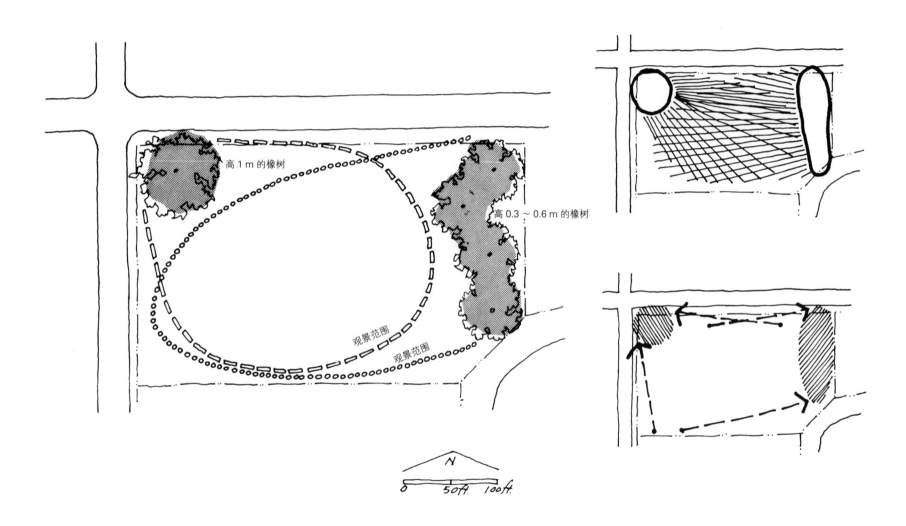

高 1 m 的橡树

高 0.3 ~ 0.6 m 的橡树

观景范围

观景范围

N

0    50ft.    100ft.

**90**

## ●穿过场地的景观

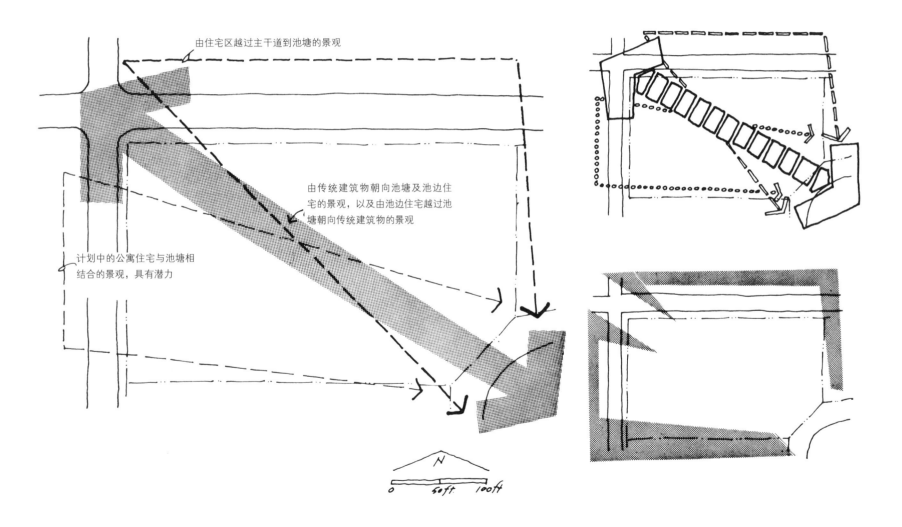

由住宅区越过主干道到池塘的景观

由传统建筑物朝向池塘及池边住宅的景观，以及由池边住宅越过池塘朝向传统建筑物的景观

计划中的公寓住宅与池塘相结合的景观，具有潜力

N

0    50ft    100ft

## ●噪声

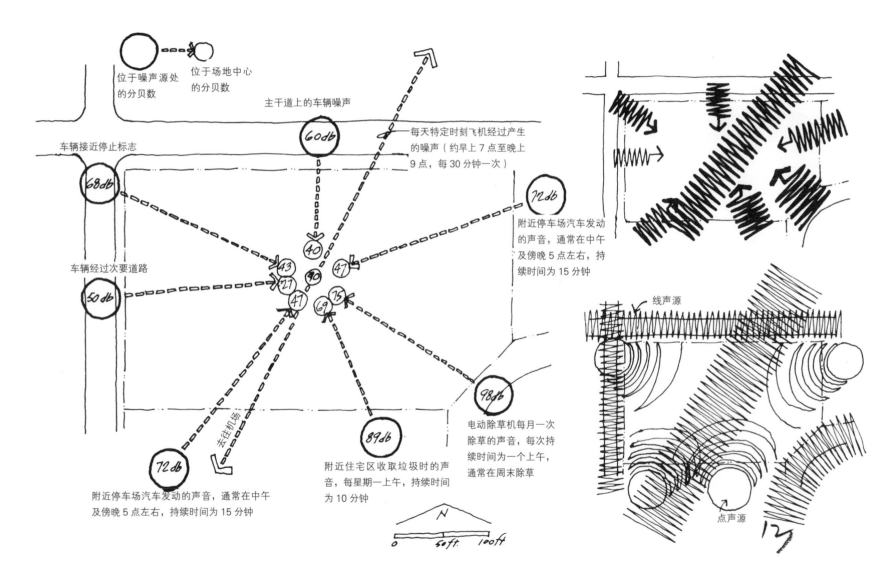

位于噪声源处的分贝数

位于场地中心的分贝数

主干道上的车辆噪声

车辆接近停止标志

每天特定时刻飞机经过产生的噪声（约早上 7 点至晚上 9 点，每 30 分钟一次）

附近停车场汽车发动的声音，通常在中午及傍晚 5 点左右，持续时间为 15 分钟

车辆经过次要道路

去往机场

附近停车场汽车发动的声音，通常在中午及傍晚 5 点左右，持续时间为 15 分钟

附近住宅区收取垃圾时的声音，每星期一上午，持续时间为 10 分钟

电动除草机每月一次除草的声音，每次持续时间为一个上午，通常在周末除草

60db
68db
72db
40
43
27
90
47
47
69 75
50db
98db
72db
89db

N

0  50ft.  100ft.

线声源

点声源

**92**

● 空气污染情况

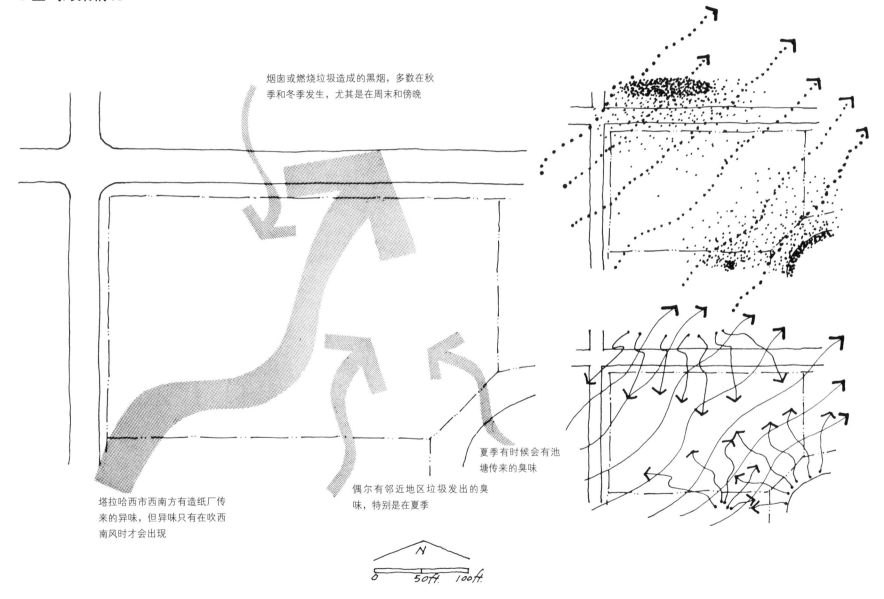

烟囱或燃烧垃圾造成的黑烟，多数在秋季和冬季发生，尤其是在周末和傍晚

塔拉哈西市西南方有造纸厂传来的异味，但异味只有在吹西南风时才会出现

偶尔有邻近地区垃圾发出的臭味，特别是在夏季

夏季有时候会有池塘传来的臭味

N

0    50ft.    100ft.

**93**

## ●邻近地区的人口结构

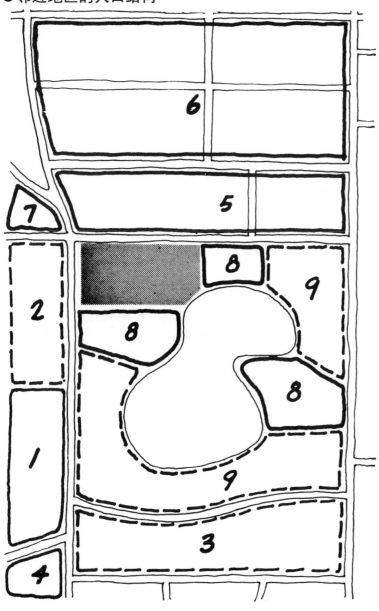

1. 多数公寓居民为中高收入者，约半数有 3 ~ 10 岁的小孩，另外半数为未婚人士，或者小孩不在身边的中老年人士，没有明显的种族特征。多数居民为上班族，很多人在池塘及住宅附近散步，这样的特质在一段时间内将非常稳定，并将逐渐趋向于以单身的年轻人居多

2. 新建公寓的人口结构类似于第一条提到的情况

3. 此区为联排别墅区，价格昂贵，因此住户以中老年人为主，小孩较少

4. 此区公寓为教会所有和使用，居住着退休的老年人。住户喜欢在附近散步，人口结构变化小

5. 此区小家庭居民为中等收入者，大部分为父母和十多岁的小孩同住，是居民很少搬迁、人口结构稳定的区域

6. 年轻人及小孩比第 5 区多，人口结构变化大

7. 市政府对于传统建筑物的保护非常重视，所以传统住宅及其场地都保存得非常好，与邻近地区有良好的互动，每年举办两次嘉年华（夏季中旬及圣诞节）

8. 包含一些提供专业服务的办公大楼（保险业、房地产业等），上班族在中午时间使用商务公园休息或者吃午餐

9. 此区的人口结构与第 8 区类似

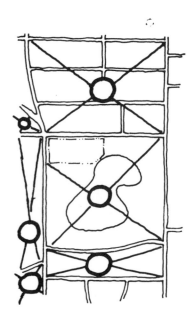

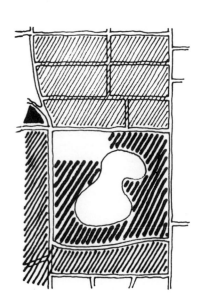

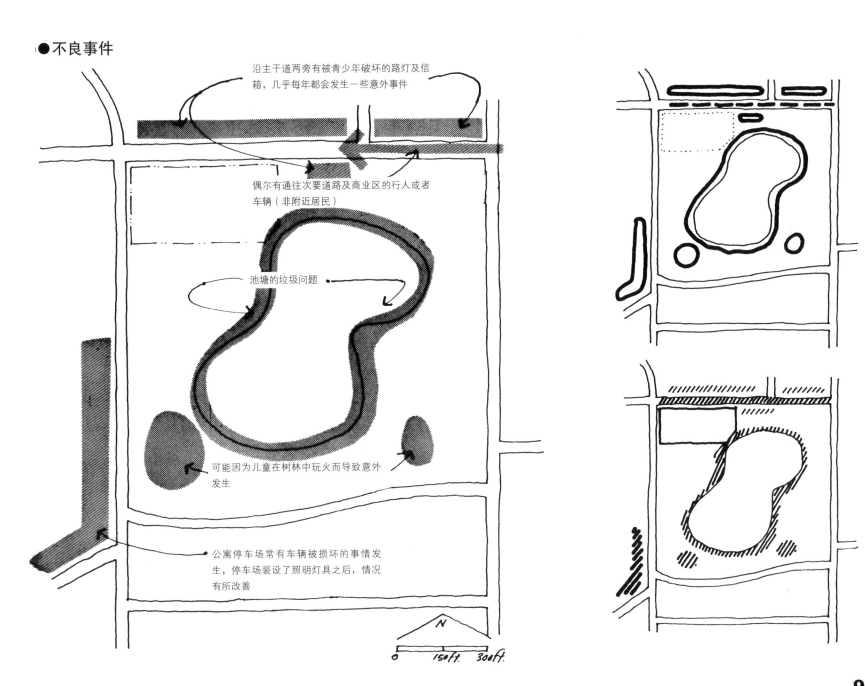

● **不良事件**

沿主干道两旁有被青少年破坏的路灯及信箱，几乎每年都会发生一些意外事件

偶尔有通往次要道路及商业区的行人或者车辆（非附近居民）

池塘的垃圾问题

可能因为儿童在树林中玩火而导致意外发生

公寓停车场常有车辆被损坏的事情发生，停车场装设了照明灯具之后，情况有所改善

N

0    150ft.    300ft.

## ●关于场地及邻近地区的各种情况

附近的每个人都很注重保护传统建筑物（即使在嘉年华期间交通拥堵的情况下）

邻近商业区是一个很好的便利条件，但是外来的购物人潮对交通造成了很大的影响（间接地影响了安全性）

主干道的车行速度是一个主要的问题

附近居民担心新项目只从街角及建筑意向的角度来考量，忽略了传统建筑物的存在

居民一开始对商务公园的反应是负面的，他们认为树木及池塘是公有财产，因此反对开发公园。后来，因为公园管理者决定开放池塘，并且承诺在严格的指导下进行开发，居民才接受了

附近居民多数反对建造大规模的集合住宅，他们认为那种住宅的尺度与周围环境无法匹配，所造成的交通问题会对整个环境带来伤害

附近居民都很重视保护树木，他们把这些树木当作整个邻近地区的围栏

N

0    150ft.    300ft.

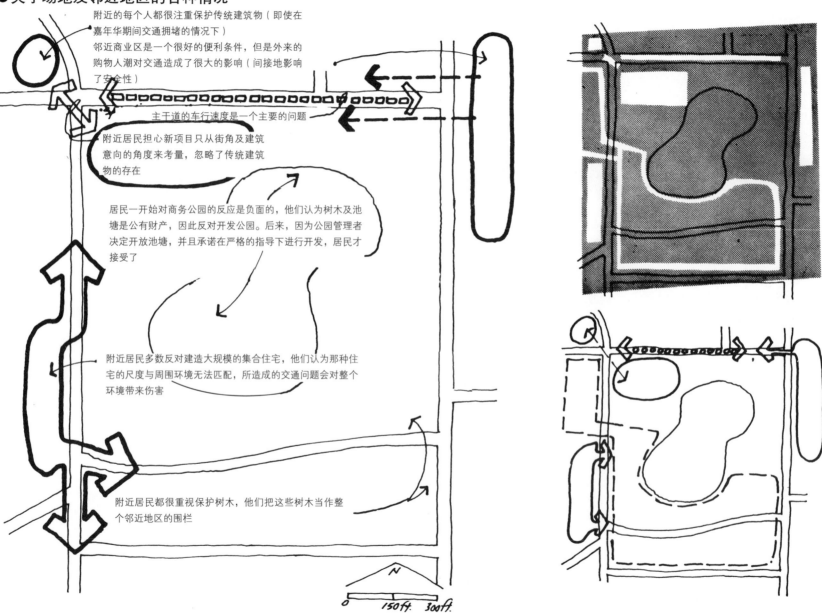

**96**

● 气温（华氏度）

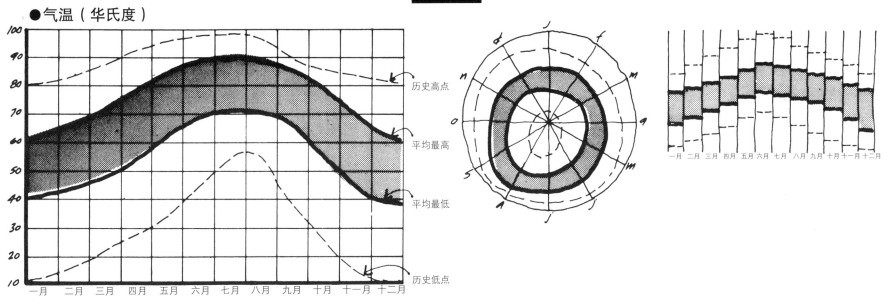

历史高点

平均最高

平均最低

历史低点

● 降雨量（英寸）

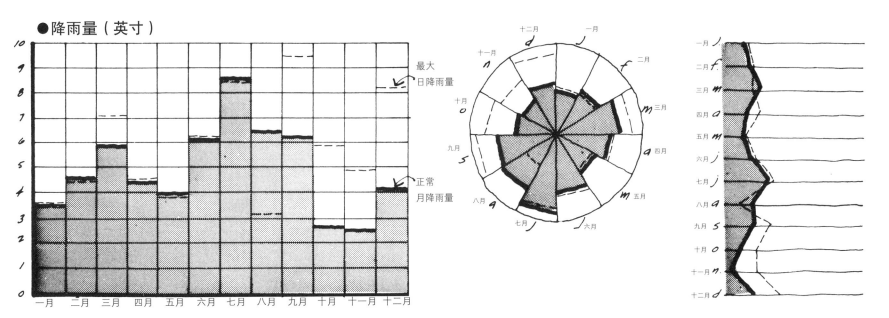

最大
日降雨量

正常
月降雨量

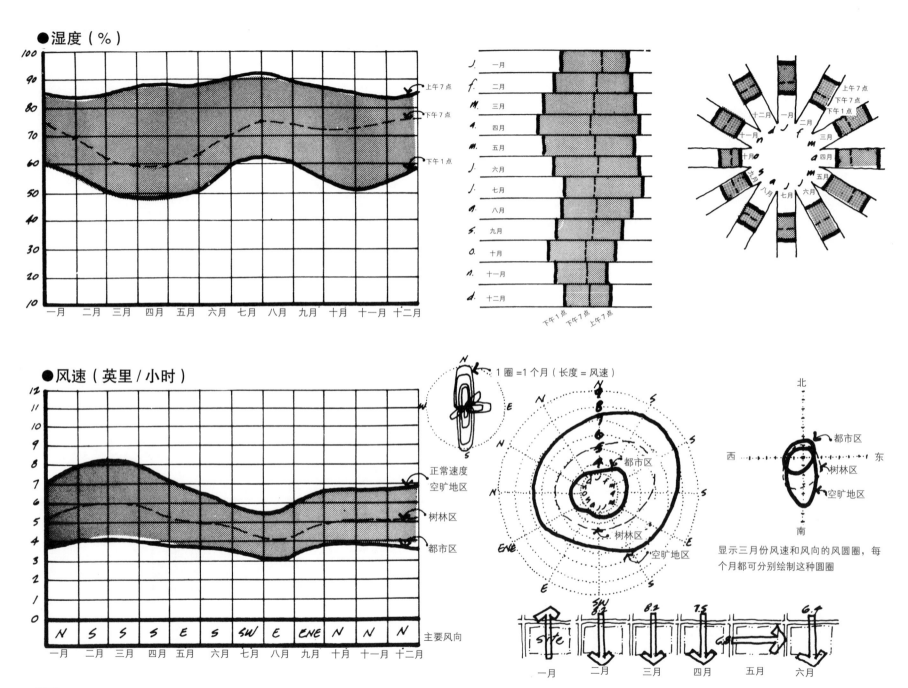

● 湿度（%）

上午7点
下午7点
下午1点

一月 二月 三月 四月 五月 六月 七月 八月 九月 十月 十一月 十二月

J. 一月
f. 二月
M. 三月
A. 四月
M. 五月
J. 六月
J. 七月
A. 八月
S. 九月
O. 十月
n. 十一月
d. 十二月

下午1点 下午7点 上午7点

上午7点
下午7点
下午1点

十二月 一月 二月
十一月 三月
十月 四月
九月 五月
八月 六月
七月

● 风速（英里/小时）

正常速度
空旷地区
树林区
都市区

N N S S S E S SW E ENE N N N 主要风向

一月 二月 三月 四月 五月 六月 七月 八月 九月 十月 十一月 十二月

1圈=1个月（长度=风速）

都市区
树林区
空旷地区

北
都市区
西 东
树林区
空旷地区
南

显示三月份风速和风向的风圆圈，每个月都可分别绘制这种圆圈

一月 二月 三月 四月 五月 六月

**98**

●阴天（天）

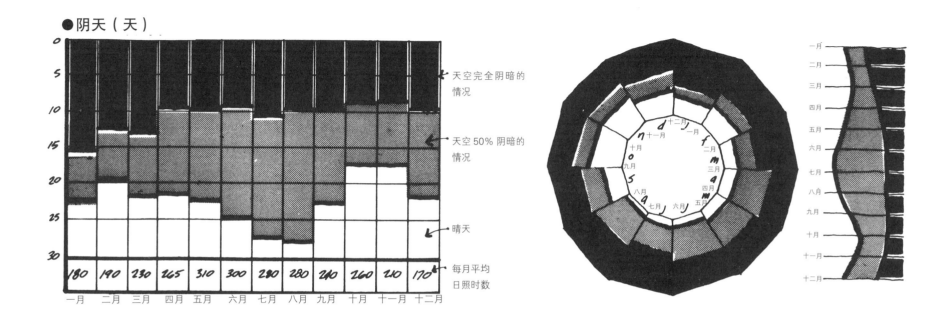

天空完全阴暗的
情况

天空50%阴暗的
情况

晴天

每月平均
日照时数

| | 一月 | 二月 | 三月 | 四月 | 五月 | 六月 | 七月 | 八月 | 九月 | 十月 | 十一月 | 十二月 |
|---|---|---|---|---|---|---|---|---|---|---|---|---|
| 日照时数 | 180 | 190 | 230 | 265 | 310 | 300 | 280 | 280 | 240 | 260 | 210 | 170 |

●度日数（华氏度/天）

年平均制冷度日数—2 596
年平均采暖度日数—1 327

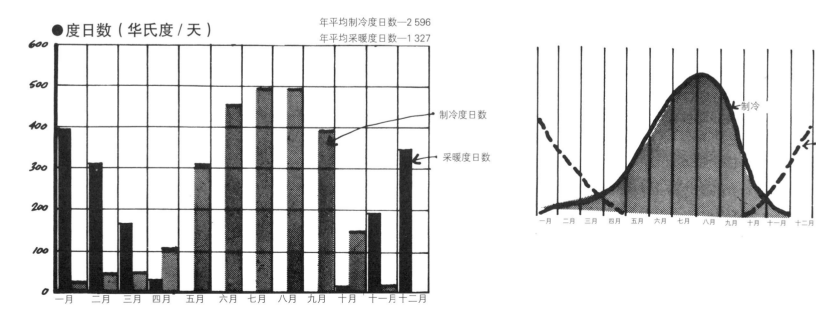

制冷度日数

采暖度日数

制冷

采暖

99

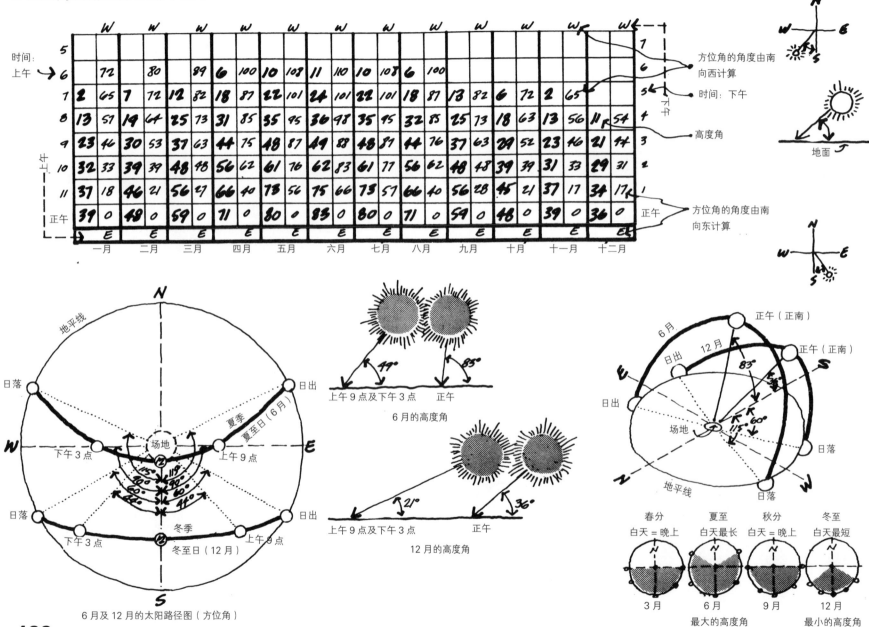

| 时间 | 一月 | | 二月 | | 三月 | | 四月 | | 五月 | | 六月 | | 七月 | | 八月 | | 九月 | | 十月 | | 十一月 | | 十二月 | |
|---|---|---|---|---|---|---|---|---|---|---|---|---|---|---|---|---|---|---|---|---|---|---|---|---|
| 上午5 | | | | | | | | | | | | | | | | | | | | | | | | |
| 6 | | | 72 | | 80 | | 89 | 6 | 100 | 10 | 103 | 11 | 110 | 10 | 108 | 6 | 100 | | | | | | | | |
| 7 | 2 | 65 | 7 | 72 | 12 | 82 | 18 | 87 | 22 | 101 | 24 | 101 | 22 | 101 | 18 | 87 | 13 | 82 | 6 | 72 | 2 | 65 | | |
| 8 | 13 | 57 | 19 | 64 | 25 | 73 | 31 | 85 | 35 | 95 | 36 | 98 | 35 | 95 | 32 | 85 | 25 | 73 | 18 | 63 | 13 | 56 | 11 | 54 |
| 9 | 23 | 46 | 30 | 53 | 37 | 63 | 44 | 75 | 48 | 87 | 49 | 88 | 48 | 87 | 44 | 76 | 37 | 63 | 29 | 52 | 23 | 46 | 21 | 44 |
| 10 | 32 | 33 | 39 | 39 | 48 | 48 | 56 | 62 | 61 | 76 | 62 | 83 | 61 | 77 | 56 | 62 | 48 | 48 | 39 | 39 | 31 | 33 | 29 | 31 |
| 11 | 37 | 18 | 46 | 21 | 56 | 27 | 66 | 40 | 73 | 56 | 75 | 66 | 73 | 57 | 66 | 40 | 56 | 28 | 45 | 21 | 37 | 17 | 34 | 17 |
| 正午 | 39 | 0 | 48 | 0 | 59 | 0 | 71 | 0 | 80 | 0 | 83 | 0 | 80 | 0 | 71 | 0 | 59 | 0 | 48 | 0 | 39 | 0 | 36 | 0 |

方位角的角度由南向西计算

时间：下午

高度角

地面

方位角的角度由南向东计算

6 月及 12 月的太阳路径图（方位角）

6 月的高度角

上午 9 点及下午 3 点　正午

12 月的高度角

上午 9 点及下午 3 点　正午

最大的高度角　　最小的高度角

| 春分 | 夏至 | 秋分 | 冬至 |
|---|---|---|---|
| 白天＝晚上 | 白天最长 | 白天＝晚上 | 白天最短 |
| 3 月 | 6 月 | 9 月 | 12 月 |

## ● 天气关系

图表

| 月份 | 气温（华氏度） | | | 降雨量（英寸） | 湿度（%） | | 风（空旷地区） | | 阴晴（天） | | | 度日数（华氏度/天） | |
|---|---|---|---|---|---|---|---|---|---|---|---|---|---|
| | 最高 | 最低 | 平均 | | 上午7点 | 下午1点 | 风向 | 风速(mph) | 天空完全阴暗 | 天空50%阴暗 | 晴天 | 采暖 | 制冷 |
| 一月 | 65 | 40 | 52 | 3.5 | 84 | 58 | N | 7.5 | 15 | 8 | 8 | 400 | 25 |
| 二月 | 68 | 44 | 56 | 4.5 | 83 | 54 | S | 8.2 | 12 | 6 | 10 | 315 | 40 |
| 三月 | 75 | 41 | 62 | 5.8 | 86 | 49 | S | 8.2 | 13 | 9 | 9 | 160 | 45 |
| 四月 | 82 | 50 | 65 | 4.3 | 88 | 48 | S | 7.5 | 9 | 13 | 8 | 30 | 100 |
| 五月 | 87 | 58 | 75 | 4 | 87 | 50 | E | 6.8 | 10 | 13 | 8 | 0 | 300 |
| 六月 | 90 | 66 | 78 | 6.2 | 90 | 55 | S | 6.4 | 9 | 16 | 5 | 0 | 450 |
| 七月 | 92 | 70 | 80 | 8.6 | 92 | 62 | SW | 5.6 | 11 | 16 | 4 | 0 | 480 |
| 八月 | 90 | 68 | 80 | 6.4 | 90 | 62 | E | 5.8 | 10 | 18 | 3 | 0 | 500 |
| 九月 | 88 | 60 | 75 | 6.2 | 87 | 57 | ENE | 6.4 | 10 | 13 | 7 | 0 | 380 |
| 十月 | 83 | 50 | 67 | 2.7 | 86 | 53 | N | 6.7 | 8 | 9 | 14 | 20 | 160 |
| 十一月 | 75 | 40 | 58 | 2.6 | 85 | 53 | N | 6.7 | 7 | 10 | 13 | 200 | 15 |
| 十二月 | 65 | 38 | 50 | 4.1 | 84 | 57 | N | 6.8 | 9 | 13 | 9 | 350 | 0 |

堆叠图表

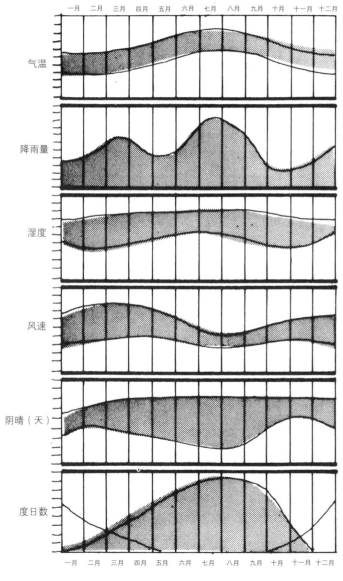

组合图表

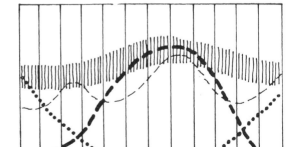

透明图版

## 加工与简化

如果我们收集并绘制场地资料示意图的目的只是供自己参考使用，那么可能不需要花太多时间去修饰那些在现场画下的草图。但是，如果这些示意图需要呈现给别人观看，那么我们就需要精心加工一下了。

在刚开始学习分析技巧时，建议各位最好能花些时间将绘制的分析草图好好整理一下。待熟练之后，自然会在分析场地时，一下笔就能精确地掌握重点，而且使示意图看起来简单明了。

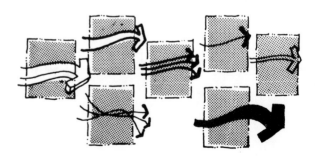

所谓加工就是尽量使示意图能够令人一目了然，而简化就是去其糟粕，取其精华。在对示意图进行加工时，还需要先评估示意图的视觉效果，看看是否有加工的必要，否则可能会弄巧成拙。

总体来说，加工的目的就是要将场地现状尽量精确地表现在示意图之中，使误解减到最少。

也就是说，加工的目的就是要让你的示意图看起来合理，能切中要点，而且美观。所以我们才要努力地提升示意图的品质，美化示意图的视觉效果。

接下来的内容提供了一些示意图加工的案例供你参考。

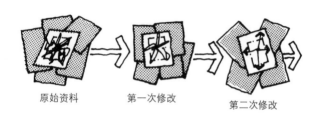

原始资料　　第一次修改　　第二次修改

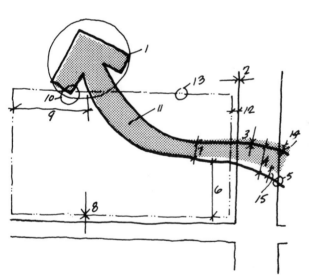

## ●运用确定的线条表现

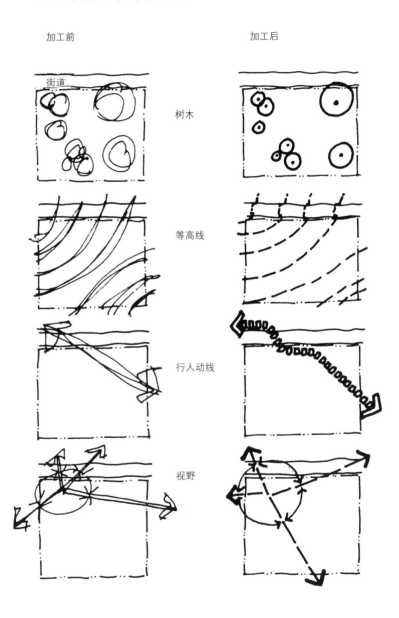

加工前      加工后

街道

树木

等高线

行人动线

视野

## ●线条的形状

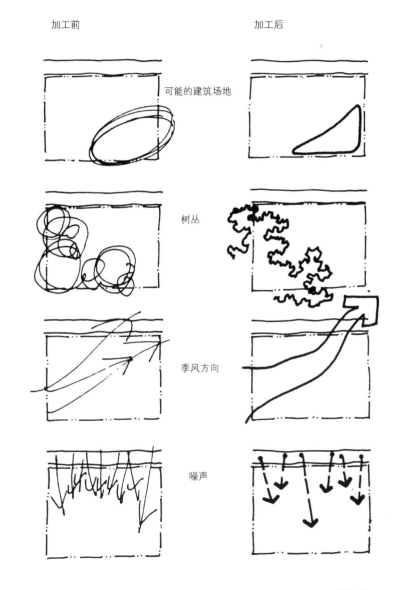

加工前      加工后

可能的建筑场地

树丛

季风方向

噪声

**103**

●线条的走向

加工前　　　　　　加工后

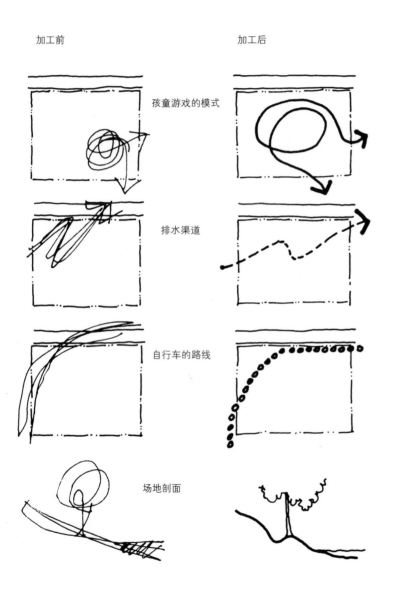

孩童游戏的模式

排水渠道

自行车的路线

场地剖面

●线条的品质

加工前　　　　　　加工后

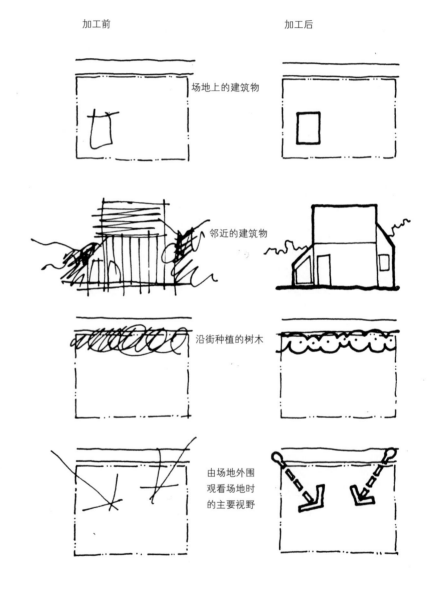

场地上的建筑物

邻近的建筑物

沿街种植的树木

由场地外围
观看场地时
的主要视野

## ●线条的粗细

加工前　　　　　　　　　加工后

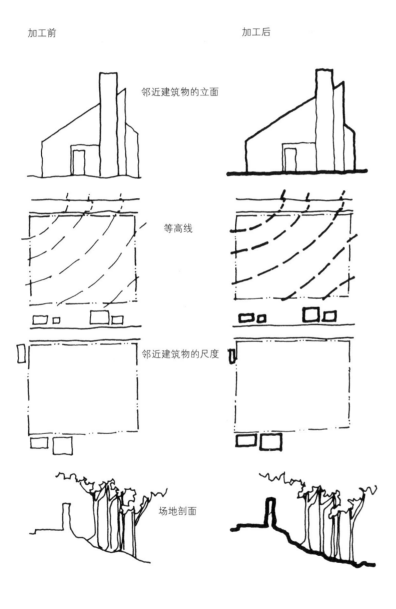

邻近建筑物的立面

等高线

邻近建筑物的尺度

场地剖面

## ●线条粗细的变化

加工前　　　　　　　　　加工后

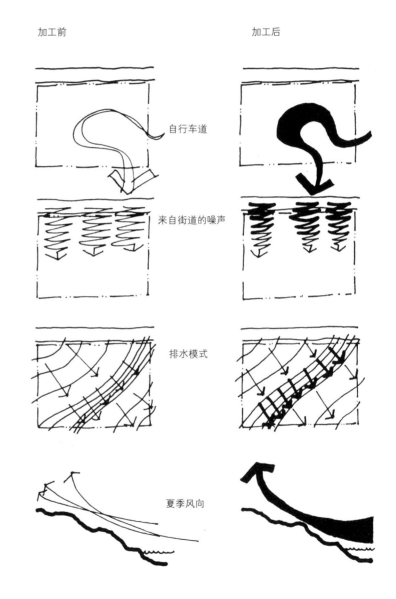

自行车道

来自街道的噪声

排水模式

夏季风向

● 色彩或明暗网点的选择

加工前　　　　　　　　　加工后

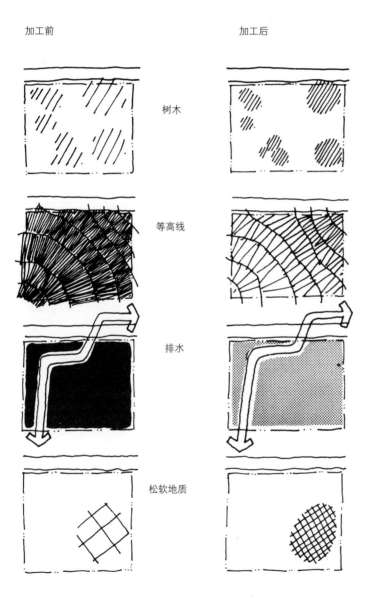

树木

等高线

排水

松软地质

● 色彩或明暗网点的数量

加工前　　　　　　　　　加工后

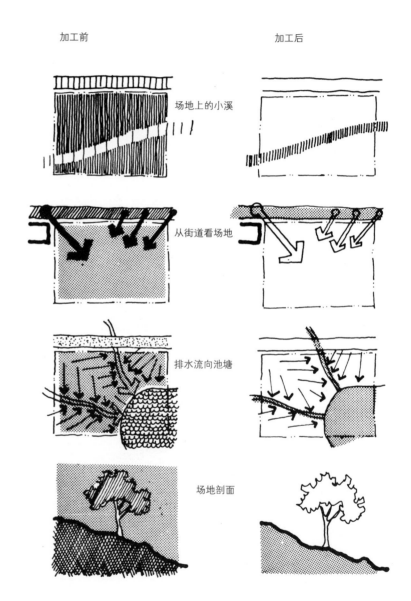

场地上的小溪

从街道看场地

排水流向池塘

场地剖面

**106**

## ●示意图的尺寸

加工前　　　　　　　　加工后

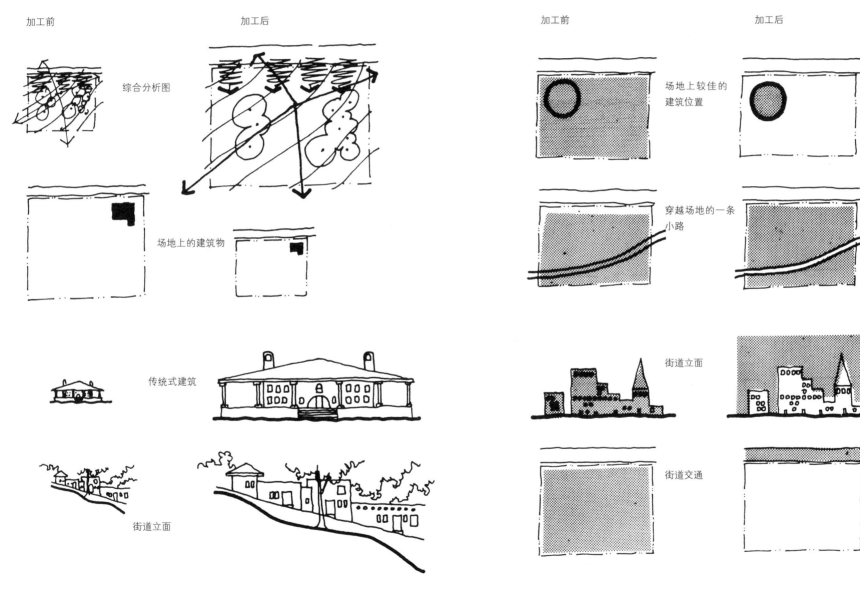

综合分析图

场地上的建筑物

传统式建筑

街道立面

## ●色彩或明暗网点的使用

加工前　　　　　　　　加工后

场地上较佳的
建筑位置

穿越场地的一条
小路

街道立面

街道交通

**107**

●示意图之间的关系

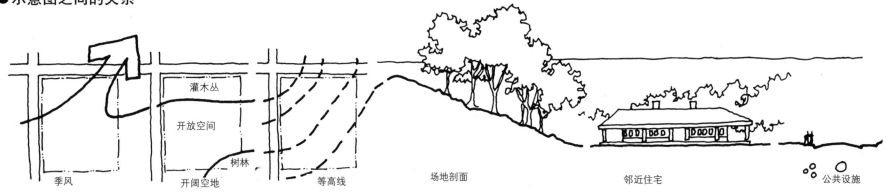

灌木丛

开放空间

树林

季风　　　　开阔空地　　　等高线　　　　场地剖面　　　　邻近住宅　　　公共设施

●示意图与加工图的关系

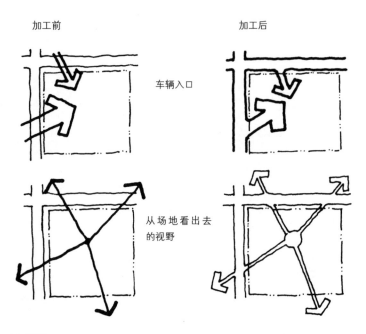

加工前　　　　　　　加工后

车辆入口

从场地看出去
的视野

●示意图与边界的关系

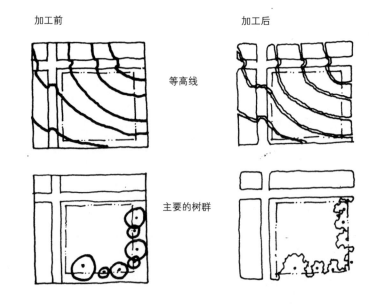

加工前　　　　　　　加工后

等高线

主要的树群

●明暗网点与轮廓线的关系

加工前　　　　　　　　　加工后

●箭头符号

加工前　　　　　　　　　加工后

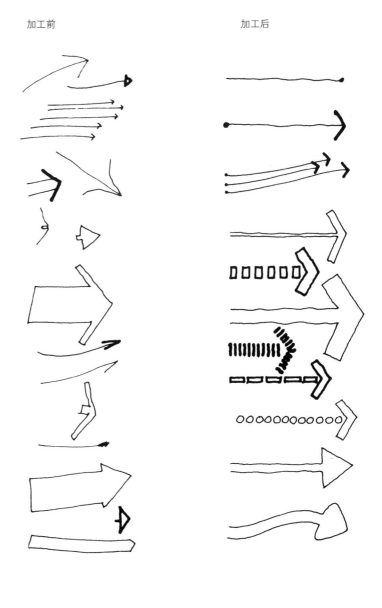

**109**

简化的目的是为了处理所列出的相同层面的问题，以便获得一个完整而精致的成果。

在简化示意图的时候，我们的重点在于删除一些介于示意图与场地现状之间的混淆意义转化的元素、图形、样式及关联性。这些混乱的元素不能很好地传达场地的现状，而且常常会传递一些容易使人误解的信息。由于自身产生的视觉障碍，这些元素掩盖了信息的本质。

简化的目标在于将示意图精简到最小，同时仍能传达重要的信息。这种简化有助于我们获得一份能够有效传达所需要的信息同时又不会使人误解的示意图。下面我们将呈现一些简化的范例。

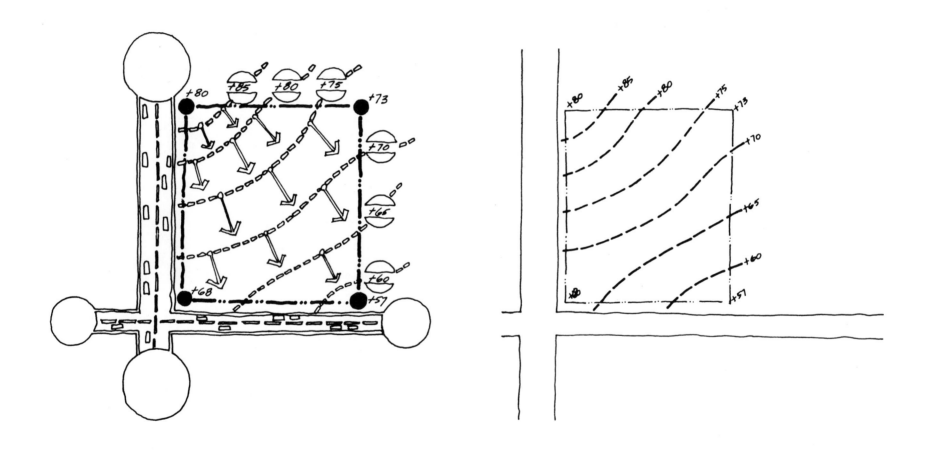

## ●示意图简化的范例

简化前　　　　　　　　　简化后

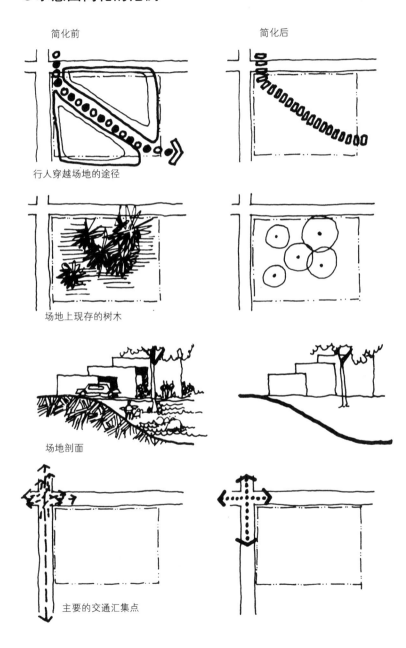

行人穿越场地的途径

场地上现存的树木

场地剖面

主要的交通汇集点

简化前　　　　　　　　　简化后

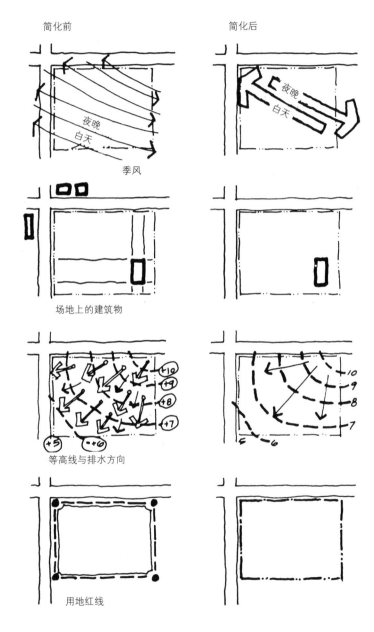

季风

场地上的建筑物

等高线与排水方向

用地红线

## 强化与清晰

在完成加工与简化的步骤之后，我们的示意图在形式上已经具有相当的说服力，能够充分表达我们想要说明的事项。接下来的工作就是要再次强调其中的某些重点，使示意图看起来更清楚、更明确。

强化的目的是要让示意图大声地说出你想说的话。

比如，我们正在做一个环境分析，我们会把参考的原图淡化，变成一种起背景作用的底图，然后在这张底图上利用不同粗细的线条，或颜色，或明暗，将重点强调出来。

原始的参考底图多数是用淡淡的细线画成的，不加明暗，也不加色彩。在这张底图上，我们可以将各项场地特征一一画上，再配合颜色与明暗、粗细的表现，使整张底图变得非常醒目。

场地示意图可能是连续的，如果用来强调重点的方式或者元素具有某种系统性或者模式化，那么这一连串的示意图理解起来就会比较容易。

举例来说，如果我们发现在这一连串的示意图中，所有的场地特征及重点都是用明暗标示出来的，那么接下来的阅读将会更容易。如果我们选择用颜色标示的话，那么就应该从头到尾用同一种颜色来说明场地特征，而且这个颜色必须是示意图中最显眼的，你要它多显眼都可以，只要不喧宾夺主，破坏了整个示意图的主题即可。

如果我们选用了某种特定的颜色来标示示意图中的某些重点，那么最好不要更换这

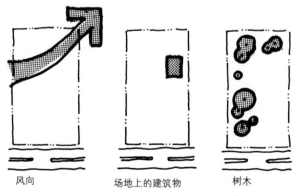

原图　　　　　　　　　　地役权

风向　　　　场地上的建筑物　　　树木

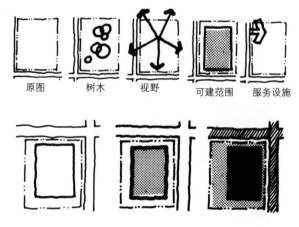

原图　　树木　　视野　　可建范围　　服务设施

**112**

种颜色，或者是用同一种颜色标示另一件事情，以免给观者带来不必要的困扰。

示意图的表现形式应具有一致性，当我们已经习惯于某种符号或颜色代表某种意义时，再任意更换这些符号或颜色，就会造成认知方面的困扰。

在场地分析的一系列示意图中，有一些可能是我们认为特别重要的，或者可能在设计上暗示某种造型的，这些比较特别的示意图最好能用一些方法标示出来，比如，用方格将它们框起来或者用圆点标示出来。

## 标题、标注和说明

为了有效地达成沟通的效果，在图上应该尽量避免废话连篇，说明应该简洁，针对重点，尤其是当我们的示意图要拿出来展示给别人观看的时候，比如，给其他的设计师或者业主观看。

即使这些图只用来供自己参考，也应该把场地上的重要信息很好地整合归纳一下，清晰简洁地表达出来，这样做是非常有益的。图旁边的标注及说明可以让我们更确切地了解场地分析的每一个重点，而且这些重点都将深深烙印在我们的脑海之中，作为日后形成设计概念的依据。

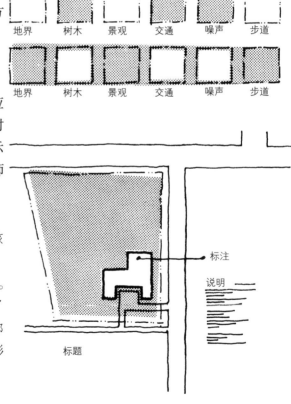

**113**

说明最好能系统地放置在相关示意图的附近。因为这些图通常都是相互隔开的，而且数量很多，所以相关的标注及说明应该尽可能以某种规律的模式出现。正如我们在图中使用色彩或者明暗网点一样，示意图的说明也应使用前后一致的风格。

示意图应该分门别类地加上标题和标注。标题和标注的位置应该与示意图相互关联。以整张大图来说，其中小图的标题应该固定出现在某一个位置上。

一个标题有时只涉及一张图，有时会涉及一堆图，甚至是全部的分析图。

项目标题

系列示意图标题

示意图标题

示意图中元素的标注

说明

当我们书写说明、标注和标题时，字体的大小及风格是很重要的考虑因素。通常应该根据重要性，对字体的大小、粗细或者上下位置加以调整。一般而言，标题的字体应该最醒目，然后依次是标注及说明。

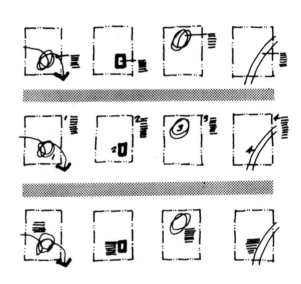

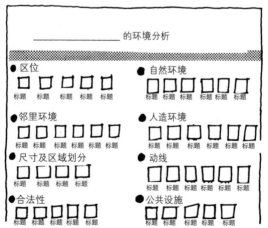

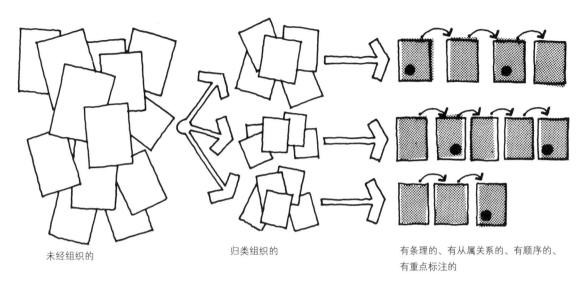

未经组织的

归类组织的

有条理的、有从属关系的、有顺序的、有重点标注的

## 2.2.4 组织

举一个环境分析的例子来说，我们已经收集了完整的资料，但是这些资料是未经整理的，所以接下来的步骤就是要把这些资料组织得条理分明。对于一位设计师而言，这个步骤相当重要，它使我们在脑子里产生一个层级的概念，尤其当拿示意图与别人讨论时，完成这种工作更是我们的义务。

分类组织工作的首要任务就是找到一种能使你的示意图达到分类效果的方法。

有不少现成的技术可供组织整理任何一组资料，它们同样适用于场地资料的整理。整理资料最常用的方式如下所述。

### 主题

这种方式是先分列出几个标题，例如，区位、邻里环境、尺寸及区域划分、合法性、自然环境、人造环境、动线、公共设施、感官、人文及气候等。接下来是把手边的调查资料分别放到合适的标题下。有时候你会觉得某两个标题下的资料性质很类似，这时你可以重新整理，用一个新的标题整合这些资料。这种重新界定标题的方法，常会改变你原本的观察角度，使你发现新的可能性，从而落实到设计上。

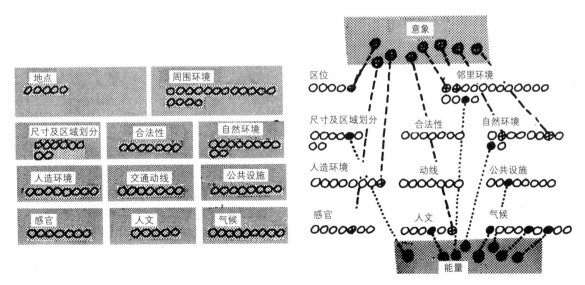

**115**

## 质与量

　　设计师经常会把资料分成硬性资料和软性资料。这种分类方式有助于了解场地条件中哪些是无法讨价还价的，哪些是无法妥协的，以及哪些是必须在设计工作开始阶段就清楚列出的重点项目。硬性资料是场地本身给设计师提出的问题，设计师无法回避，而且不能凭一己之力去解释或者揣测。软性资料属于"质"的部分，它们无法量化，设计师通常凭借自身的感受或经验去诠释。

　　在这里所谈论的硬性与软性，并不是将资料分成事实与非事实两部分，而是就概念运作时，问题对设计师本身所产生的强制性程度而言。

## 架构与细节

　　这种资料整理的方式通常是把所有的场地资料做一个分区，以便对场地有全面性的了解，然后在此架构上，深入整理出更细节的问题。这种方式的优点是：在整体架构的引导下，我们可以得到一份脉络清晰的资料图，对于所有问题的来龙去脉可以一目了然。

## 相对重要性

　　在完成示意图及对整个场地的特性有了初步认识之后，我们会发现某些特性对日后的设计会产生绝对的影响。在不同的设计课题下，例如，最适当的场地功能配置，或者

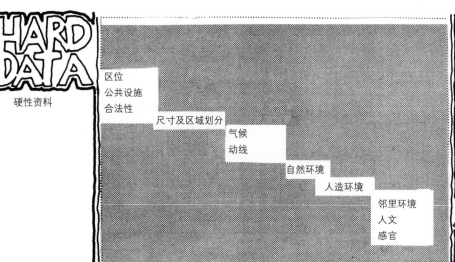

硬性资料

区位
公共设施
合法性

尺寸及区域划分

气候
动线

自然环境

人造环境

邻里环境
人文
感官

软性资料

GENERAL

架构

区位
邻里环境
人文

气候

尺寸及区域划分
自然环境
人造环境
动线
公共设施

感官
合法性

细节

反映场地特性的室内配置，或者从气候、造型及意象的角度出发建筑的开口位置及尺寸如何决定，或者如何以材料来呼应邻近建筑的特色等，某些因素的影响会跟着改变。通过了解场地特性及其潜在影响，我们可以建立一张层级分明的场地分析图。

## 使用顺序

这种组织资料的方式与上述方式相关。在此，我们先假设出所需设计资料的使用顺序。这种方式仅凭一张单独的图片是无法完成的，它必须建立在综合考虑各种图片信息的基础之上。

## 互动

在收集到的场地资料中，各种资料之间经常会出现一种互动的效应。举例来说，场地的排水方式依其等高线而定，场地的视野与高点有密切的联系等。这种分类方式首先是研究场地中各方面的资料，找出其相互影响的模式，然后把最具影响力的互动模式一一排列出来。这个步骤可使资料完成一种合理的、有条理的架构——最先收集到的资料可以为后来陆续收集到的资料提供一个先期的架构。在这种分类方式中，我们发现有若干场地资料会以一种类似纵队的方式呈现，你会看到一连串相关的或者从属的资料排成一列。当然，并非所有的资料都以这种方式呈现，有些资料并没有明显的相关性，

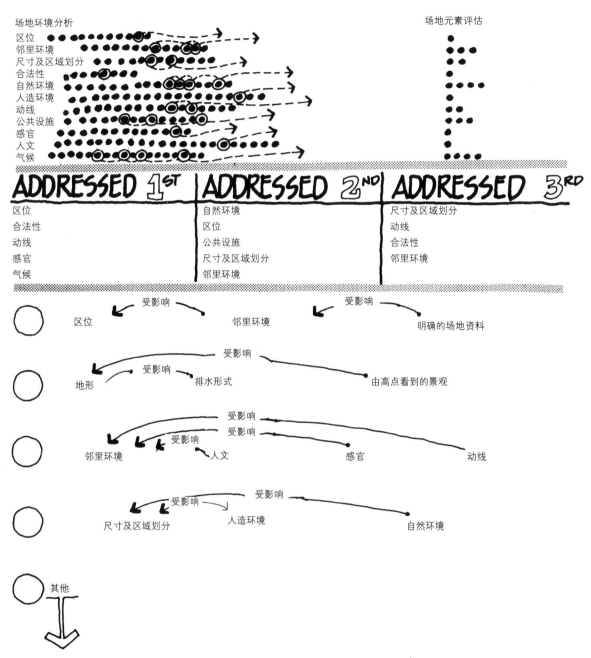

**117**

你可以把这些资料单独标示出来。

　　我们可以快速试验上述每一种组织资料的方式，找出最有利的，以便了解哪种最适合我们的规划位置。我们可以发现在不同研究方法中展现的场地元素的重复性及相似性，这能够证明混合使用这些技巧是有益的。

　　每一种组织场地资料的方式提供了不同的标注系统，影响着我们对场地视野及环境问题的看法。我们组织场地资料的方式常倾向于体现自身的态度、期望以及设计语汇。

　　去感知场地元素对最终设计方案的影响可能是一件困难的事情，但这层关系必然会明确地表现在任何项目之中。对示意图的解读是借由我们组织场地资料的方式建构起来的。解读的第一个层级不是基于单一场地元素发生的，而是基于资料的形式及密度发生的，它们是由我们选择的标注系统决定的。

　　真实的包装及表现场地示意图的方式包括幻灯片、小册子、一览表、布告板、个人卡片、模型及电影。我们应该从内容、观众、听众、目的、区位以及时间的角度来考虑和研究表现的位置，以便决定最适合的资料陈述形式。最常见的包装方法是将示意图放在一张布告板、纸张或者卡片之上。当我们准备评估场地资料可能对潜在的设计灵感意味着什么的时候，可以参考全部的示意图，让它们为我们提供一些解释的线索。

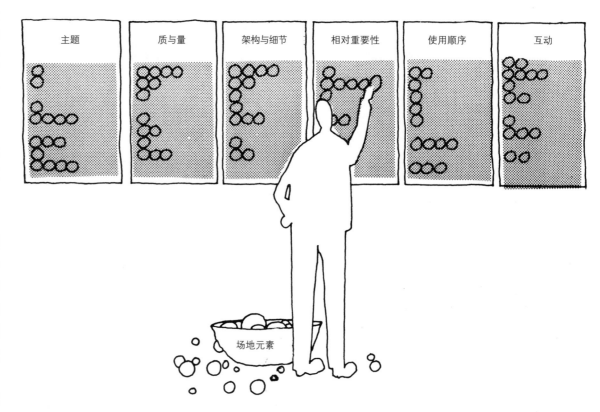

　　接下来将呈现一些以布告板或纸张表现设计方法的范例。

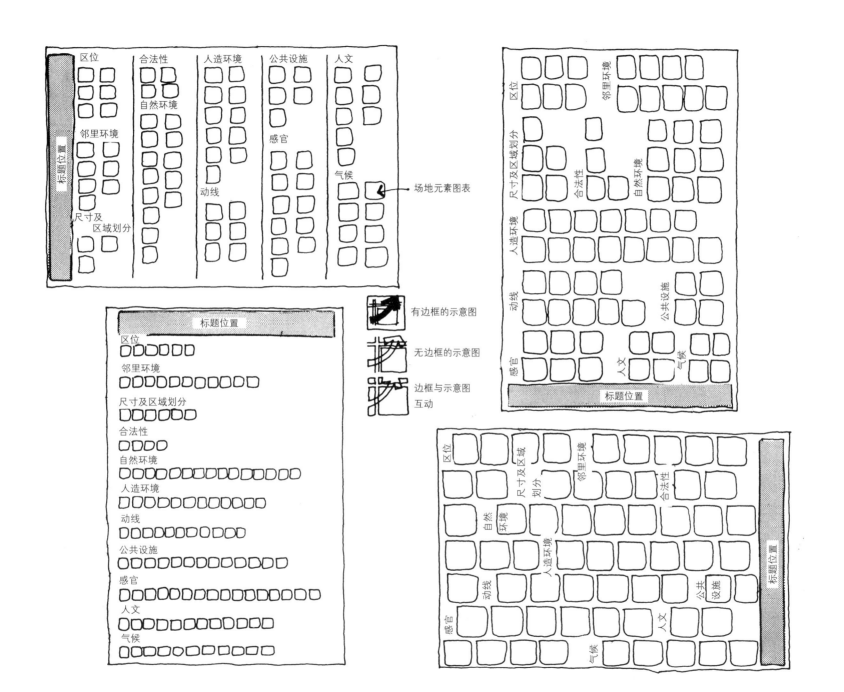

## 2.2.5 解读

解读示意图的方式至少有三个层级。第一个层级是将我们所观察的示意图的形式及密度全部呈现在纸上。第二个层级是专注于某类问题或多个问题的一组示意图的潜在意象。第三个层级是针对单一的示意图或场地元素进行解读。

解读示意图是我们在对与场地相关的事物下定义。我们尝试将一些资料转化为设计信息。

当我们收集并以示意图的形式展现这些资料的时候，就应该开始思考处理各种不同场地情况的设计理念。

解读示意图是为了让这些图告诉我们，当真正投入设计概念化的时候，我们可以了解到的东西。预估结果也是一种设计行为，因为可以引发一连串关于处理场地情况的态度或者方式，而且在复制场地情况时可以帮助我们确认设计步骤。

我们可以通过示意图的形式来解读许多事情。在这个层级上，解读每一张示意图就如同一次投票。放在各种资料标签（区位、邻里环境分析等）之下的示意图的数量越多，表明其潜在因素越重要。就某方面而言，图

**示意图的解读**
**阅读设计的潜在意义**

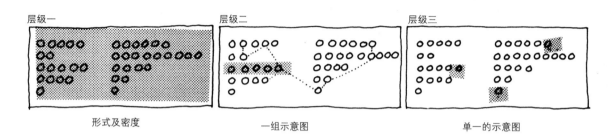

层级一　　　　层级二　　　　层级三

形式及密度　　　一组示意图　　　单一的示意图

环境分析

制作示意图　　　然后

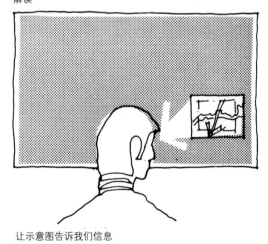

解读

让示意图告诉我们信息

**120**

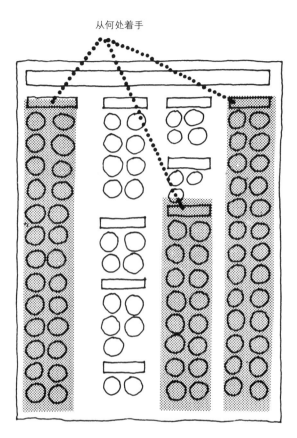

从何处着手

的密度提供了一个关于"从何处着手"的提示。这些图的密度及数量粗略地展现了我们所涉问题的深度，以及我们对于重要的场地情况的认知。我们常常会花费许多的时间去详述丰富的、潜在的场地资料，反而花费很少的时间在我们未掌握的资料上。在这个层级上，我们必须留意一些仅有副标题的场地资料，即便它们在形式方面产生的影响并不重要。

在组织完示意图之后，一个能带来丰硕成果的课题是去寻找一组新的可能创造出有意义的场地信息族群的场地关键问题。凭借创造性地聚合场地关键问题，我们可以为自己提供激发灵感及解决之道的可能。

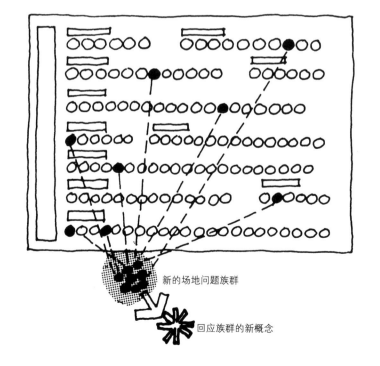

新的场地问题族群

回应族群的新概念

**121**

这个过程包含每一张示意图与其他示意图的相互检查，以便了解是否有一些在意义上介于两种族群之间的关联而我们之前未能察觉。例如，如果我们以季节的温度变化、年降雨量、场地地形及排水模式来阐述邻里环境可能存在的不良的使用性，那么我们可能会试着去创造一个小水池来缓解对于邻近土地的影响、控制排水模式、为场地功能提供一个舒适的环境，以及建立有益的微气候以便保存建筑内部的能源。这种解读不是为了提供关于这个位置的特殊解决之道，而是为了提供在设计决策时我们需要努力的目标位置。如果图表网络的解读能够帮助我们建立设计概念，那么它就可以被当成是设计过程中的关键点。

　　我们所做的普通层次的解读是对于一组关键类别（气候、合法性等）之内的单一场地事实及示意图的解读。通过提炼指定的场地示意图的意义，我们能够推测出最终设计课题中的一些特定信息。典型范例将在后续页面中呈现。

1. 一份关于场地情况的概述和我们对于真实场地的感知能够告诉我们这块场地是否符合要求。如果场地在尺度、强度、价值，或者其他方面存在许多复杂的问题，那么我们应该在解读场地的时候有所留意，并且预估出在妥善处理场地情况的时候，可能需要的设计语汇和概念化的处理手法。有一些毫无特色的场地可能无法引发我们的设计灵感，在这种情况下，项目的主要形式应来源于项目的其他因素而非场地本身。有一些场地可以提供单方面的或者多方面的，积极的或者消极的影响，这些将成为我们思考场地功能配置的起点。

2. 与功能空间相关的场地尺寸都有记录，据此我们可以知晓场地上的建筑是"松散"还是"紧凑"。"紧凑"意味着有多重功能的堆积（如多层的建筑和停车场），以及将场地的剩余空间聚集以满足优势最大化的需求。在这种情况下，几乎没有被浪费的场地空间，我们需要特殊的方法掌控局面。

3. 从规划场地周围的一系列特殊建筑上所反映出的建造形式，对我们而言可能是一种强烈的暗示。在这种环境中，我们需要的是一种一致的氛围，例如，尺度、材质、景观、土地使用密度、开放空间的使用、开窗形式、屋顶形式、门廊玄关、阳台形式、细部装饰等。因此，我们必须以环境氛围为依据来思考和决定建筑外形（对比或者相似），并将焦点集中于适用的概念化的方法上。

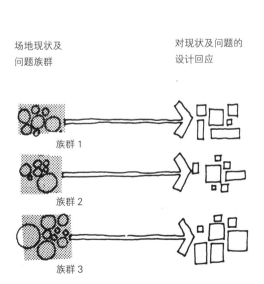

场地现状及
问题族群

对现状及问题的
设计回应

族群 1

族群 2

族群 3

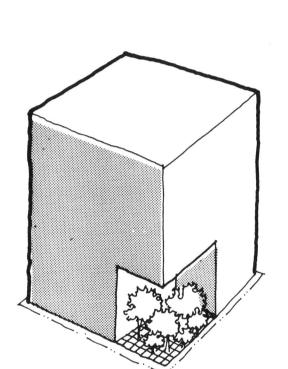

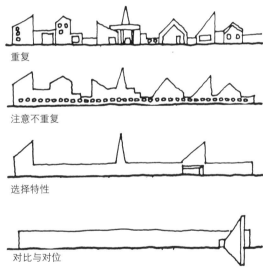

重复

注意不重复

选择特性

对比与对位

**123**

4. 如果地形起伏较大，我们可以选择一种高架式的建筑形式，以便借助场地来整合建筑及其外部功能。有时候，地形轮廓及其他的地表外貌（如树木、岩石、其他建筑）界定了场地需要设置的功能，例如，将游乐场设置在最平坦的地方、将停车区设置在低处以便避开建筑的排水问题、将建筑设置在高处以便避开排水问题，以及设置适当的斜坡将建筑与排水设施相连。

5. 邻近街道及车辆的交通模式决定了车辆进出场地的最佳位置。典型的设置包括避开主要街道，将次要街道作为一个较安全的、减缓车速的进出口，以及使进出口的位置尽可能远离十字路口。如果情况允许，我们可以利用小巷作为车辆分布的边界。为了避免场地道路分布过大，车辆的进出口一般设定在停车集中的位置。

6. 邻近的道路或邻里环境的功能可能对规划产生负面影响，针对这一问题，我们可以将停车区和其他无人使用的区域当作介于负面影响和规划场地之间的缓冲区。

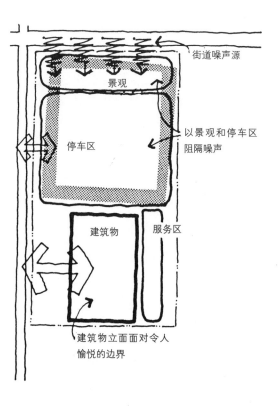

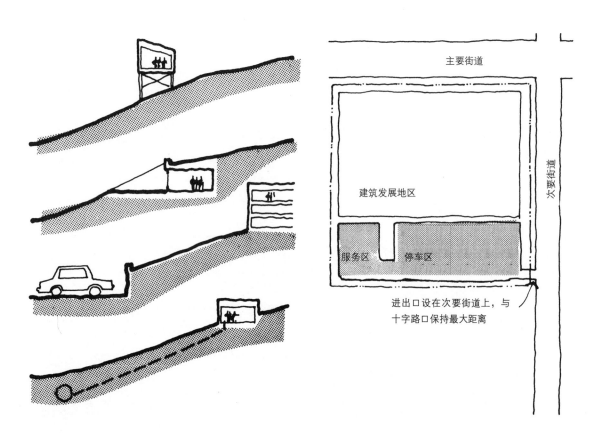

7. 全年的气候状况可能会引发一些概念化的设计形式。例如，良好的天气状况允许设计一种开放的、脆弱的、多开口的建筑，以使人体舒适度与气候之间实现自然的转化。酷暑及严寒地区可能需要一种更保守的、防御性较强的形式，例如，将建筑隐藏起来，以最脆弱的一面面对最少问题的方位，在提供最多保护的斜坡建造建筑，或者设置在短时间内能排出大量雨水的屋顶。针对大量降雨的情况，需要设计一种总水量处理的网络，以便系统地收集屋顶排水，然后储存或将雨水排放到场地之外，避免雨水对场地及邻近环境造成潜在性的破坏。

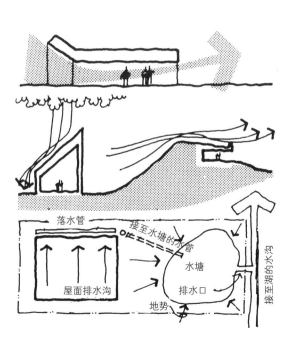

8. 退界区域不能建造建筑，所以通常作为户外活动区或者停车场使用。

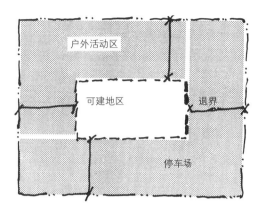

9. 依据法规及条款对于建筑高度及其他方面的要求，总结全部的限制条件以及常用的建筑语汇。

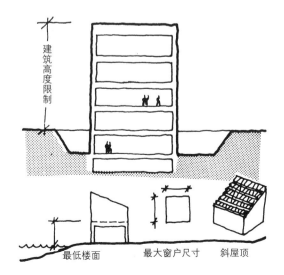

10. 从经济角度考虑，我们可以将建筑建造在靠近公共设施的场地边缘，以便避免管线设施费用的浪费。

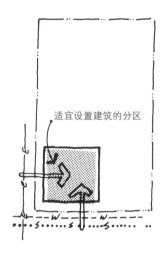

从解读场地示意图的这些范例之中我们可以了解，分析是使用场地资料的一个必经的过程，用以激发设计的思考以及让探讨的概念化灵感成为可能。

**125**

接下来将以设计一个新的幼儿园为课题，以局部场地分析的方式，说明如何利用场地元素及现状激发设计灵感。这些场地设计的图示可以作为安排所有业主所需活动和场地空间的依据。

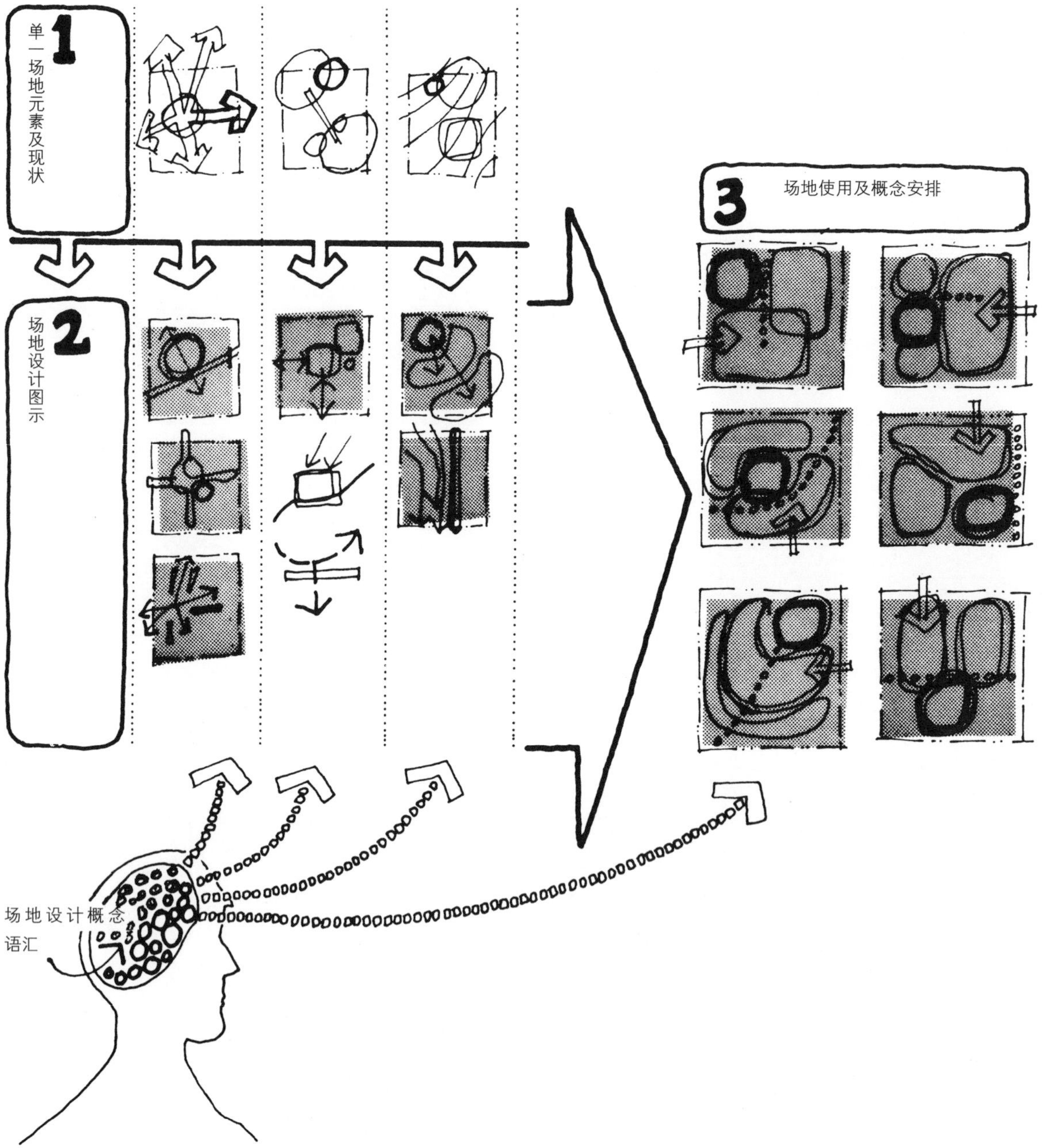

单一的场地设计图示及全面的场地管理概念都是根据我们过去作为设计师的经验和从各种规划方案所获得的场地设计语汇而绘制出来的。这些概念也是通过分析呈现场地各种情况的示意图而从记忆中被唤醒或激发出来的。我们必须延伸基于场地现状的设计语汇，以便获得成功的场地规划及建筑设计方案。

1 单一场地元素及现状

2 场地设计图示

3 场地使用及概念安排

场地设计概念语汇

**126**

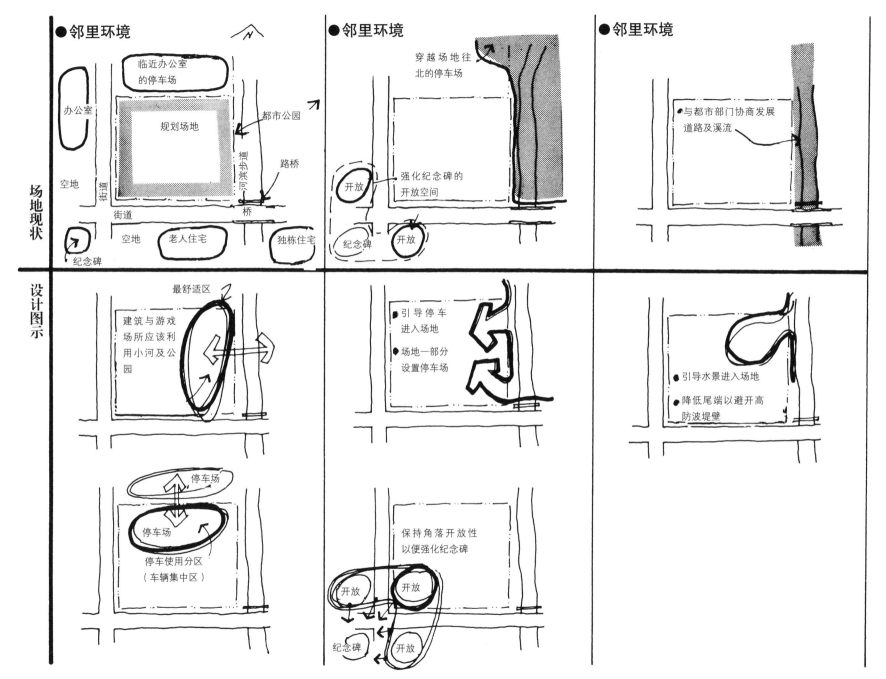

● 邻里环境

临近办公室
的停车场

办公室

空地

规划场地

都市公园

街道

河滨步道

路桥

街道

桥

空地

老人住宅

独栋住宅

纪念碑

● 邻里环境

穿越场地往
北的停车场

开放

强化纪念碑的
开放空间

纪念碑

开放

● 邻里环境

与都市部门协商发展
道路及溪流

场地现状

设计图示

最舒适区

建筑与游戏
场所应该利
用小河及公
园

停车场

停车场

停车使用分区
（车辆集中区）

● 引导停车
进入场地

● 场地一部分
设置停车场

保持角落开放性
以便强化纪念碑

开放

开放

纪念碑

开放

● 引导水景进入场地

● 降低尾端以避开高
防波堤壁

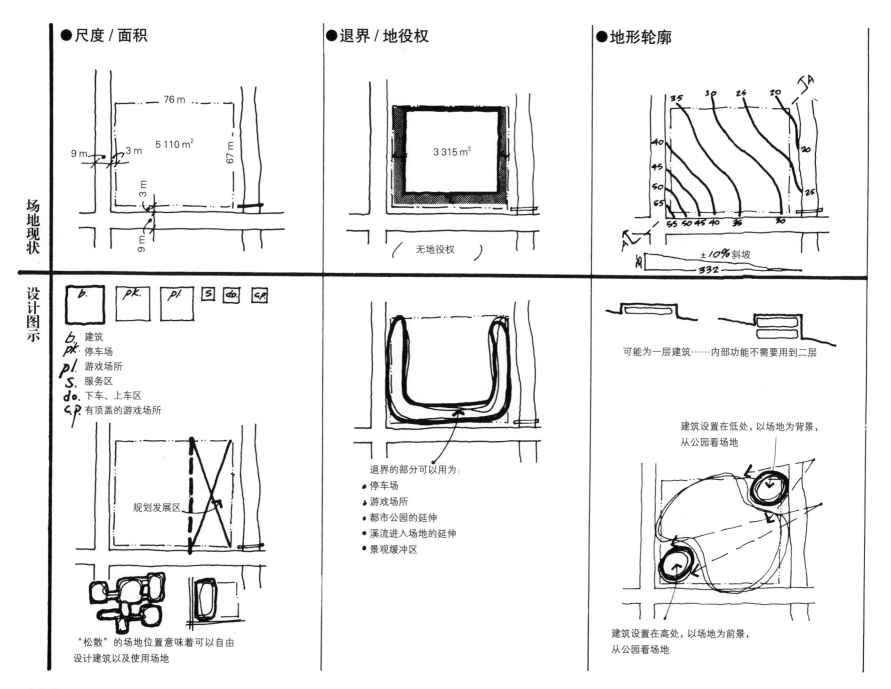

● 尺度 / 面积

76 m

5 110 m²

67 m

9 m    3 m

3 m

9 m

● 退界 / 地役权

3 315 m²

（ 无地役权 ）

● 地形轮廓

35    30    25    20    JA

40

45    20

50    25

55

55 50 45 40    35    30

A

±10% 斜坡

332

场地现状

设计图示

b.    pk.    pl.    S    do.    c.p.

b.    建筑
pk.    停车场
pl.    游戏场所
S.    服务区
do.    下车、上车区
c.p.    有顶盖的游戏场所

规划发展区

"松散" 的场地位置意味着可以自由
设计建筑以及使用场地

退界的部分可以用为：

● 停车场
● 游戏场所
● 都市公园的延伸
● 溪流进入场地的延伸
● 景观缓冲区

可能为一层建筑……内部功能不需要用到二层

建筑设置在低处，以场地为背景，
从公园看场地

建筑设置在高处，以场地为前景，
从公园看场地

**128**

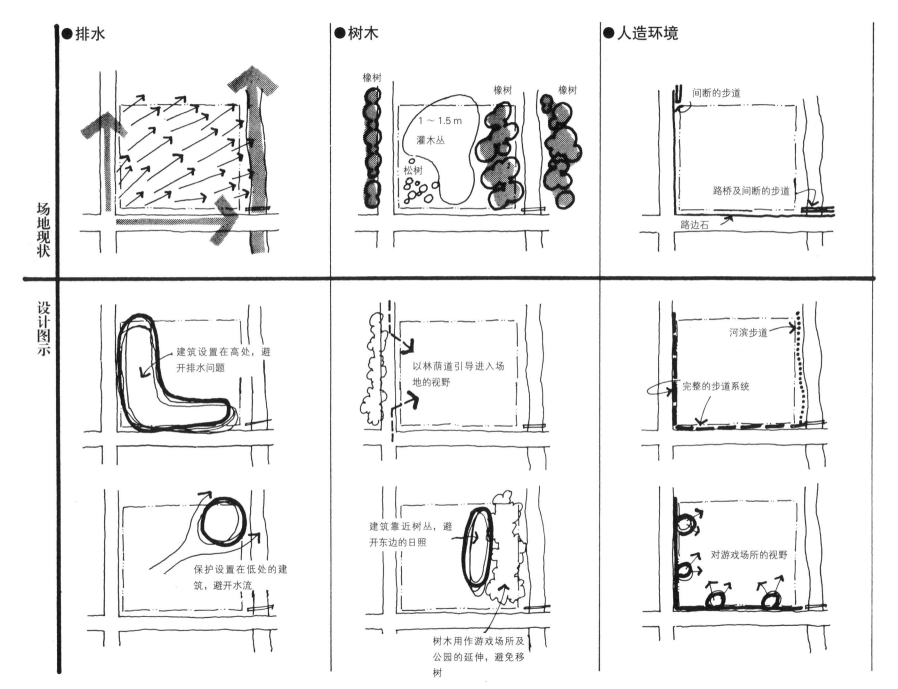

● 排水　　　　　　　　● 树木　　　　　　　　● 人造环境

场地现状

设计图示

橡树　　橡树　　橡树

1～1.5 m
灌木丛

松树

间断的步道

路桥及间断的步道

路边石

建筑设置在高处，避开排水问题

以林荫道引导进入场地的视野

河滨步道

完整的步道系统

保护设置在低处的建筑，避开水流

建筑靠近树丛，避开东边的日照

对游戏场所的视野

树木用作游戏场所及公园的延伸，避免移树

**129**

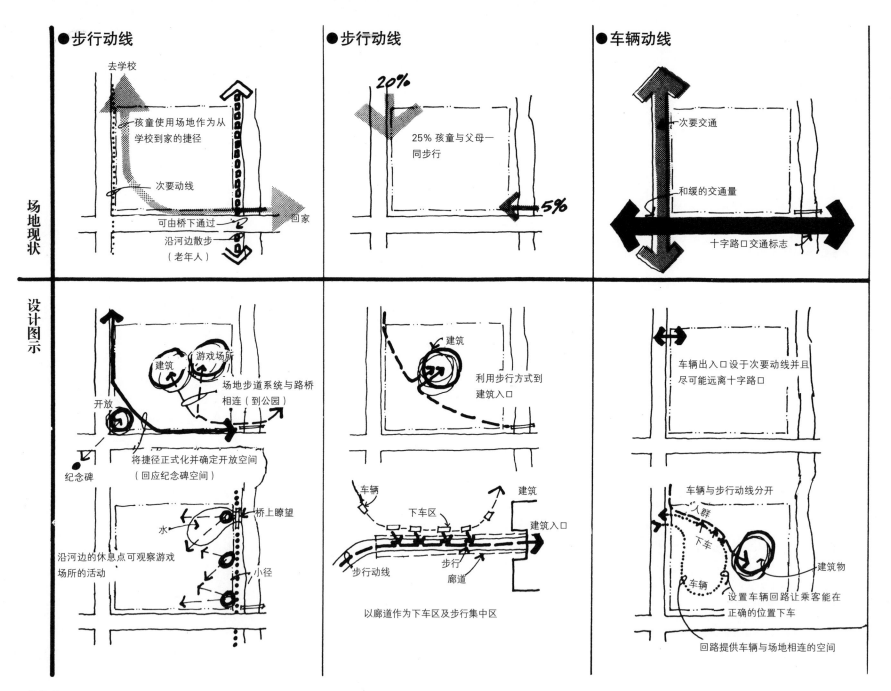

● 步行动线　　　　　　● 步行动线　　　　　　● 车辆动线

**场地现状**

去学校

孩童使用场地作为从
学校到家的捷径

次要动线

可由桥下通过

沿河边散步
（老年人）

回家

20%

25% 孩童与父母一
同步行

5%

次要交通

和缓的交通量

十字路口交通标志

**设计图示**

建筑　游戏场所

场地步道系统与路桥
相连（到公园）

开放

纪念碑

将捷径正式化并确定开放空间
（回应纪念碑空间）

水

桥上瞭望

小径

沿河边的休息点可观察游戏
场所的活动

建筑

利用步行方式到
建筑入口

车辆

建筑

下车区

建筑入口

步行动线

步行
廊道

以廊道作为下车区及步行集中区

车辆出入口设于次要动线并且
尽可能远离十字路口

车辆与步行动线分开

人群

下车

建筑物

车辆

设置车辆回路让乘客能在
正确的位置下车

回路提供车辆与场地相连的空间

**130**

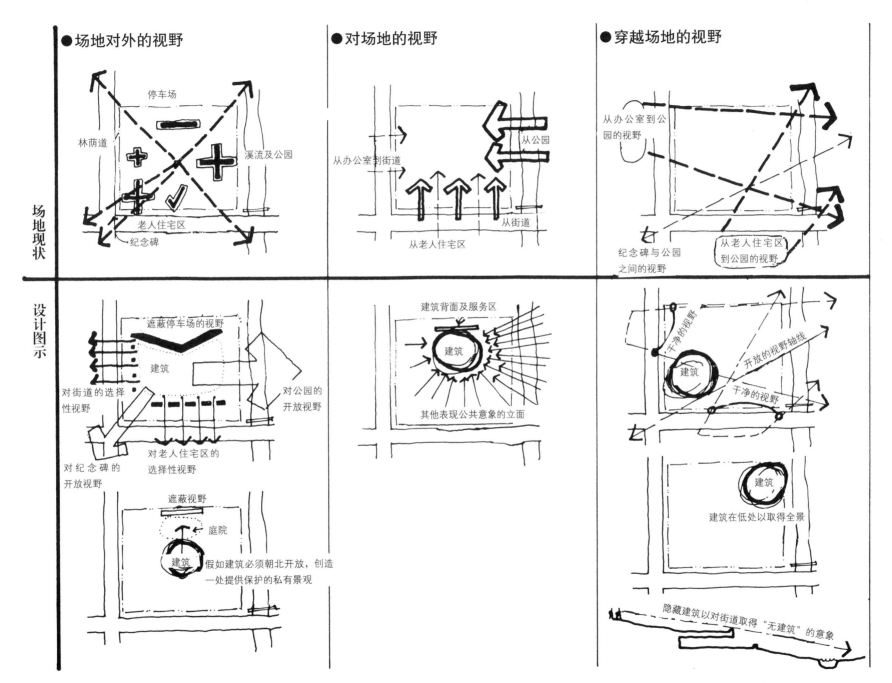

● 场地对外的视野

停车场

林荫道

溪流及公园

老人住宅区

纪念碑

● 对场地的视野

从办公室到街道

从公园

从街道

从老人住宅区

● 穿越场地的视野

从办公室到公园的视野

纪念碑与公园之间的视野

从老人住宅区到公园的视野

场地现状

设计图示

遮蔽停车场的视野

建筑

对街道的选择性视野

对公园的开放视野

对纪念碑的开放视野

对老人住宅区的选择性视野

遮蔽视野

庭院

建筑

假如建筑必须朝北开放，创造一处提供保护的私有景观

建筑背面及服务区

建筑

其他表现公共意象的立面

干净的视野

开放的视野轴线

建筑

干净的视野

建筑

建筑在低处以取得全景

隐藏建筑以对街道取得"无建筑"的意象

**131**

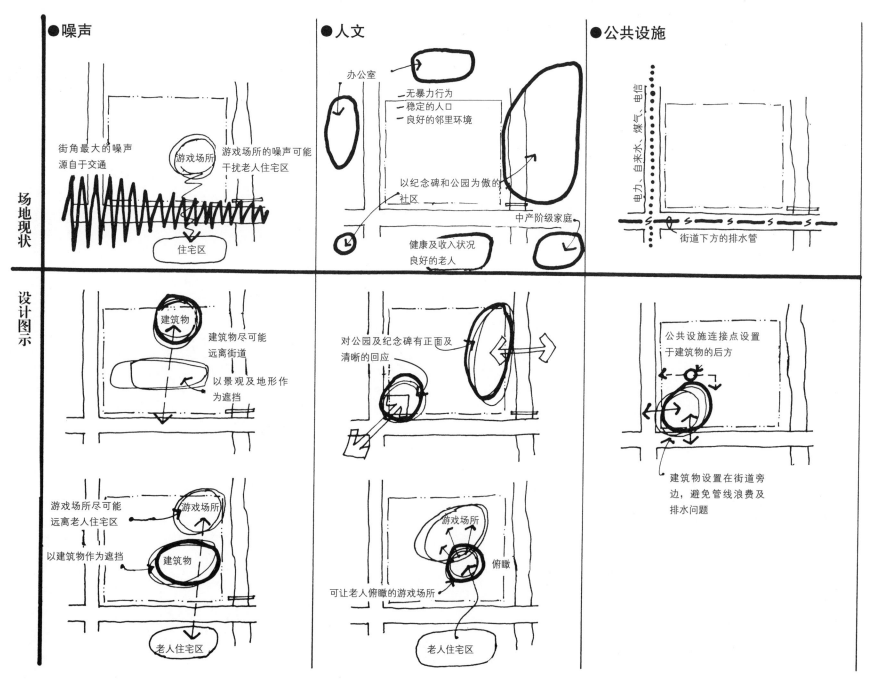

●噪声　　　　　　　　　　　●人文　　　　　　　　　　　●公共设施

场地现状

街角最大的噪声
源自于交通

游戏场所

游戏场所的噪声可能
干扰老人住宅区

住宅区

办公室

无暴力行为
稳定的人口
良好的邻里环境

以纪念碑和公园为傲的
社区

中产阶级家庭

健康及收入状况
良好的老人

电力、自来水、煤气、电信

街道下方的排水管

设计图示

建筑物

建筑物尽可能
远离街道

以景观及地形作
为遮挡

对公园及纪念碑有正面及
清晰的回应

公共设施连接点设置
于建筑物的后方

建筑物设置在街道旁
边，避免管线浪费及
排水问题

游戏场所尽可能
远离老人住宅区

以建筑物作为遮挡

游戏场所

建筑物

游戏场所

俯瞰

可让老人俯瞰的游戏场所

老人住宅区

老人住宅区

**132**

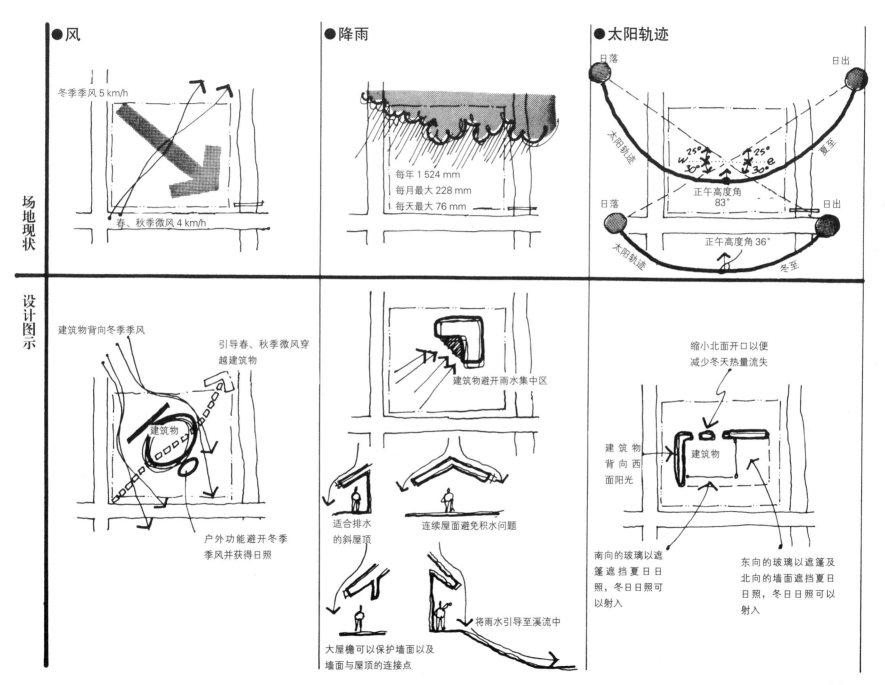

●风　●降雨　●太阳轨迹

场地现状

冬季季风 5 km/h

春、秋季微风 4 km/h

每年 1 524 mm
每月最大 228 mm
每天最大 76 mm

日落　日出
太阳轨迹
25° 25°
W 30° 30° E
夏至
正午高度角 83°
日落　日出
太阳轨迹
正午高度角 36°
冬至

设计图示

建筑物背向冬季季风

引导春、秋季微风穿越建筑物

建筑物

户外功能避开冬季季风并获得日照

建筑物避开雨水集中区

适合排水的斜屋顶

连续屋面避免积水问题

大屋檐可以保护墙面以及墙面与屋顶的连接点

将雨水引导至溪流中

缩小北面开口以便减少冬天热量流失

建筑物背向西面阳光

建筑物

南向的玻璃以遮篷遮挡夏日日照，冬日日照可以射入

东向的玻璃以遮篷及北向的墙面遮挡夏日日照，冬日日照可以射入

**133**

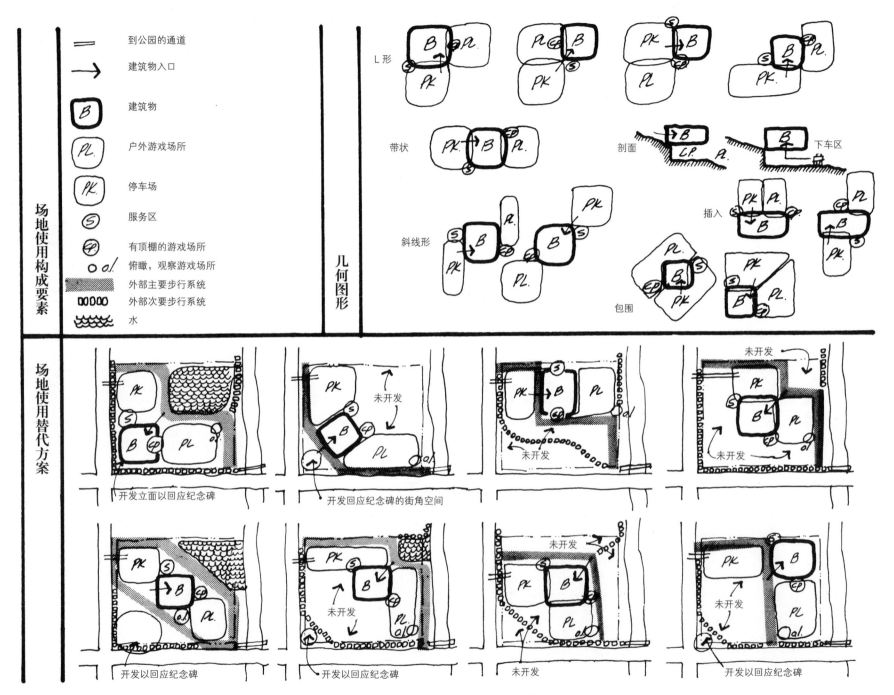

场
地
使
用
构
成
要
素

到公园的通道

建筑物入口

B 建筑物

PL. 户外游戏场所

PK. 停车场

S 服务区

CP 有顶棚的游戏场所

o al. 俯瞰，观察游戏场所

外部主要步行系统

外部次要步行系统

水

几
何
图
形

L形

带状

斜线形

包围

剖面

下车区

插入

场
地
使
用
替
代
方
案

开发立面以回应纪念碑

开发回应纪念碑的街角空间

未开发

未开发

未开发

开发以回应纪念碑

开发以回应纪念碑

未开发

未开发

开发以回应纪念碑

**134**

## 2.2.6 何时使用环境分析

因为所有的建筑物都有自己的建设场地，所以环境分析应该是所有设计方案研究的一个组成部分。当然，我们投注于环境分析上的时间要依据事务所的预算以及设计的时间期限而定。

即使时间有限，必须牺牲掉某些东西，我们也应该在能力范围内力求完美。

与完成一份高品质的示意图相比，我们自己完整了解及掌握场地情况要重要得多。

示意图及其相关形式是由使用者决定的。如果是为自己所做的环境分析，那么形式可以是非常自由的。在最初记录场地信息的时候，我们可以快速记录，不需要做过多美化的工作。如果场地情况特别复杂，涉及公众等问题，那么我们可以依据相关需求考虑以一种比较正式的、有组织的以及完整的方式来记录我们所做的分析。

在考虑场地分区概念之前进行场地环境分析是非常有帮助的，这样我们可以充分利用分析过程的催化作用，获取方案设计的灵感。通过环境分析来组织场地所有的关联因素有利于发现建筑物、停车场等主要设施的最优配置方案，例如，将单独的建筑物迁移到场地上对它们最有优势的地方（如服务道路之外的卸货区、主要步道之外的大厅等）。

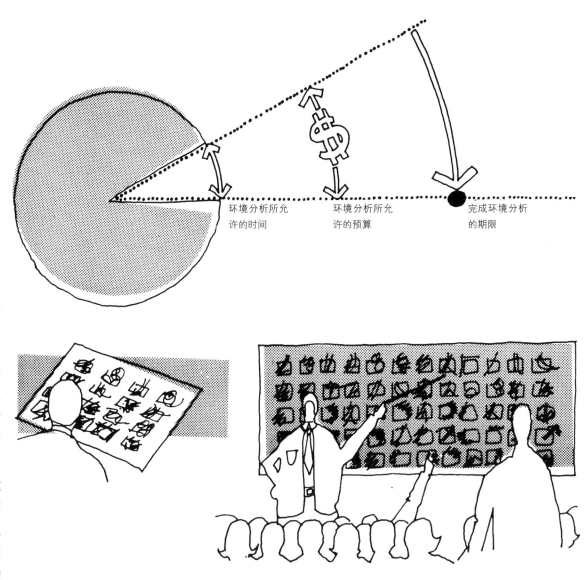

环境分析所允许的时间　环境分析所允许的预算　完成环境分析的期限

**135**

## 2.2.7 其他形式的环境分析

还有一些其他的方法可以用于描述经过环境分析而得到的场地信息。这些分析技巧不是通过之前已经讨论过的方法转化而来的，它们是表现及包装不同资料的新方法。

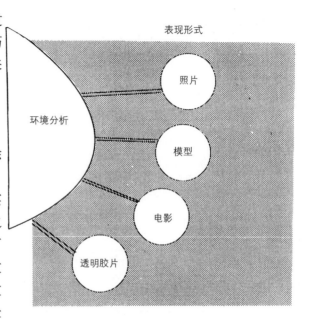

### 照片

照片可以非常有效地传达场地信息。除了能够捕捉场地及其周围的环境特点之外，照片还能够记录之前章节中所讨论过的事实资料。航拍图可以与注解一起放置在图面之上，提醒我们注意场地的特殊区域。照片可以采用混合的方式放置（在一张大照片上放置综合的信息），还可以采用分散的方式放置（用许多张小照片放置在图面之上以记录各项信息）。

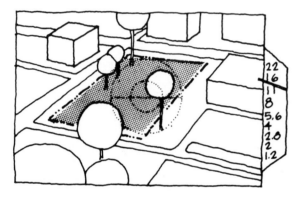

照片可以用作示意图的图像参考以及辅助工具。

通过平版印刷呈现浅灰色调的照片，以及经过强烈对比的图像技巧处理过的照片都可以完成以上两项任务。场地各个方向的视野是很重要的。因此，借助照片拼接成一个完整的视图，用以构建一个360°的"环形视野"是非常有价值的。照片在重现场地各个方向的视野，以及记录邻里环境中重要的建筑物形式和细部方面也是非常有效的。对于

**136**

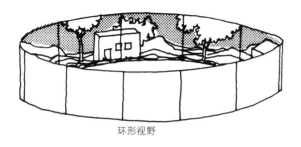

环形视野

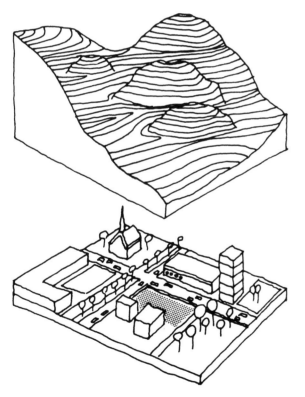

具有一连串重要建筑物立面的长街道，我们可以借助于照片的拼接来完成一次完整的立面记录（与"环形视野"方式类似）。

## 模型

环境模型是一种综合所有的场地信息并放置于一个参考的基准模型之上的三维空间表现方法。通常来说，这种方法对于了解和表达场地或者周边难以用平面形式描述的立体空间位置是非常有效的。地形、地表轮廓、不寻常的排水模式、地表的岩石，以及重要的现有建筑物的形式，都可以借助环境模型予以呈现。事实上，许多的场地信息仍然可以使用图表等平面形式在立体空间模型上予以呈现，例如，边界、退界、交通噪声以及风向等问题可以直接在环境模型上以图形描述或者在模型上粘贴纸板图案。任何具有三维空间特性的事物都应该以此方法呈现，这样做可以最大限度地服务于研究工作。树木、岩石、人造物、建筑物以及太阳的角度等都可以使用模型来呈现。

使用环境模型最大的优势在于它可以用作研究和表现场地概念及建筑物设计方案的基准模板。

在删除任何计划中的图形信息之前，我们应该确定已经拍下环境模型的照片，

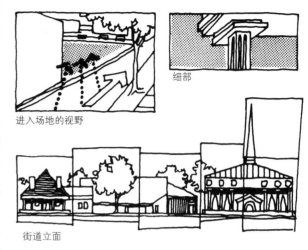

细部

进入场地的视野

街道立面

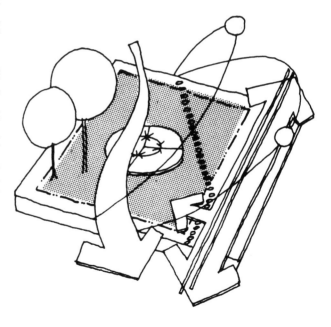

**137**

并且确定我们的模型是按照精确的比例制作的。将场地的图形资料与我们的设计模型一起放置于基础模型之上，这对于说明设计的理由是非常有帮助的。当阐述为什么我们的建筑物设计要以这样的方式处理，以及为什么我们觉得这是对于现有场地情况最适当的回应时，这也是非常有效的一种途径。

## 电影

虽然对于我们大多数人来说这不是一种容易实现的方式，但是电影确实是一种可以令人心动的环境分析技巧。

电影特别适合于表现场地动感的一面。

离去、穿越、到达以及经过场地，变换的景致、交通模式、光影形式、太阳角度等都适合通过电影来表现。在呈现排列在基础模型之上的发展中或者改变中的图形信息方面，电影也有其自身的优势。电影的一个劣势是无法将场地信息包装成一种方便且随手可及的形式。虽然如此，电影仍然是将环境分析结果呈献给业主或者机构的非常有效的方法之一。

## 透明胶片

场地上的图形信息是单一的、分散的，透明胶片在将这些清晰的场地元素综合起来研究整体架构方面具有优势。

## 内部空间分析

另一种注重处理空间内容而非表现形态的环境分析方法是内部空间分析。

此时，我们的计划是处理一个内部空间而不是一块土地。虽然当我们将场地移到室内的时候，那些我们之前用来组织场地资料的分类信息的意义明显改变了，但是信息仍然适用。

内部环境分析与空间、材料、墙体、构造、窗户、动线以及现有建筑物的公共设施有关。以下所列的是场地信息的分类，在每一个标题之下对应着内部空间分析及各项信息的类型。我们假设有一个项目空间来阐明这些信息，这个空间将从一个教学礼堂变身为一个开放的办公室。

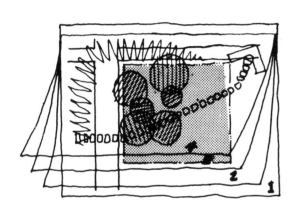

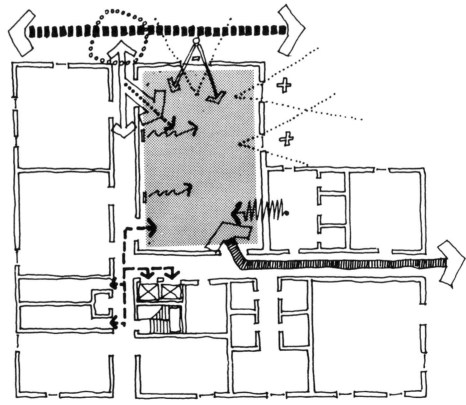

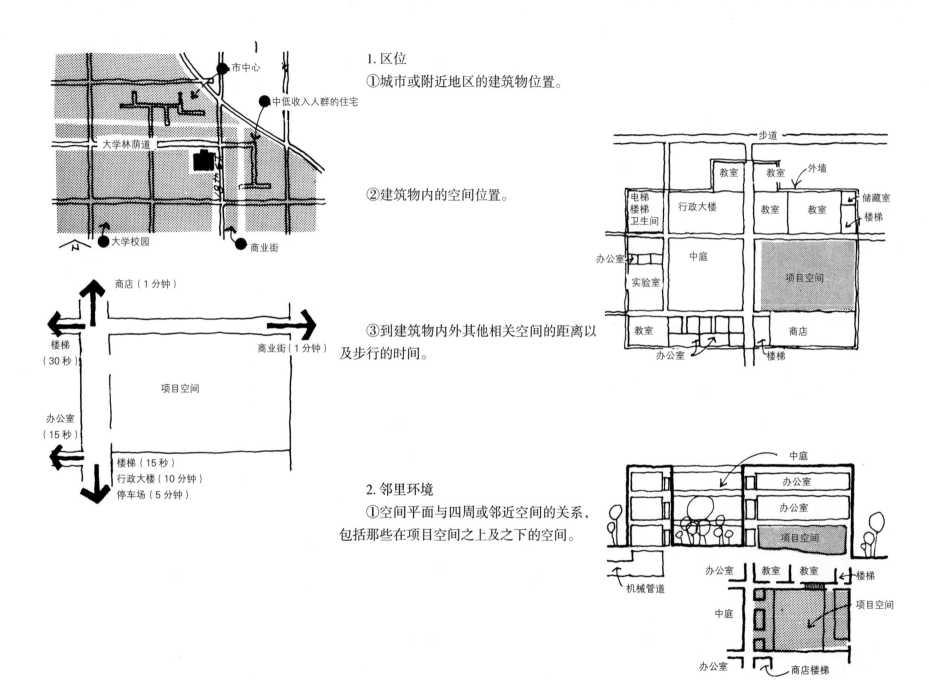

1. 区位

①城市或附近地区的建筑物位置。

②建筑物内的空间位置。

③到建筑物内外其他相关空间的距离以及步行的时间。

2. 邻里环境

①空间平面与四周或邻近空间的关系，包括那些在项目空间之上及之下的空间。

**140**

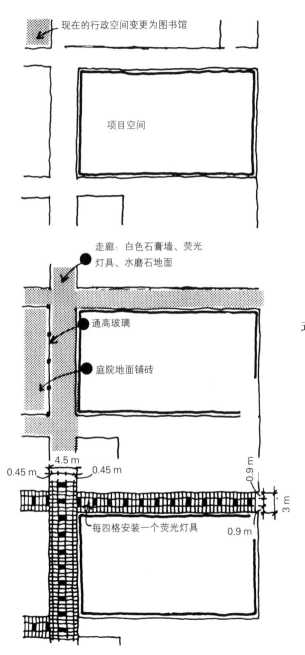

现在的行政空间变更为图书馆

项目空间

走廊：白色石膏墙、荧光灯具、水磨石地面

通高玻璃

庭院地面铺砖

4.5 m

0.45 m    0.45 m

0.9 m

3 m

每四格安装一个荧光灯具

0.9 m

②邻近空间现在及计划的用途。

③邻近空间的年代及目前状况。

④重要的建筑模式或邻近空间的特征（尺度、比例、材质、色彩、照明、开窗形式等）。

⑤特殊限制（如历史性建筑物等）。

⑥动线照明模式。

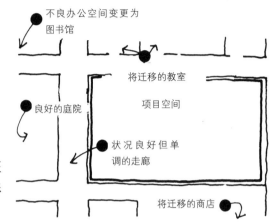

不良办公空间变更为图书馆

将迁移的教室

项目空间

良好的庭院

状况良好但单调的走廊

将迁移的商店

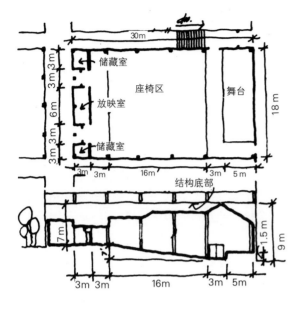

3. 尺寸
① 空间边界的尺寸（平面及剖面）。

② 具有永久地役权的尺寸（双推门、因与其他空间相连而需要保留的动线等）。

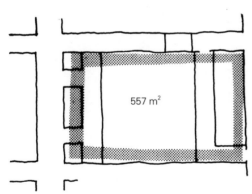

连接廊道和外部的需求

③ 扣除不可用空间后可供项目使用的面积。

④ 任何可能因其他计划造成的空间尺度的改变。

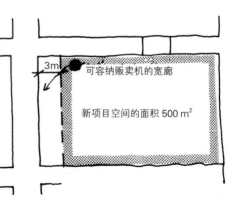

**142**

当地建筑管理规则：

1. 活动：办公（教学大楼内）。
2. 容量：F 组在空间的计划容量是 40 人。
3. 安全出口：容量超过 30 人时最少需要两个安全出口；到安全出口的最远距离是 45 m；封闭走廊的最大长度是 6 m；楼梯踏步高度是 19 cm；楼梯踏步深度是 25 cm。
4. 通风：窗户和天窗的面积是总楼板面积的 1/8，其中一半必须是活动式的；使用人工光源及机械通风设备（每小时换气两次）。
5. 防火时效：外墙防火时效 1 小时。
6. 最大容量：54 人。
7. 卫生间：符合既有建筑物的需求。

4. 法律
①安全出口、通风设备、防火、容量、卫生设备以及其他由法律、规章或政府机构所规定的限制。

②无障碍设施的要求。

1. 轮椅尺寸
2. 动线空间
3. 无障碍坡道

5. 空间中重要的物理特征
①地板或者天花板的踏步、斜坡、斜顶。

②立柱。

NONE 无

③楼板排水系统。

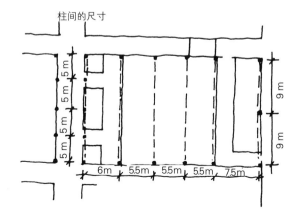

柱间的尺寸

**143**

④现有的材质（地板、墙面、天花板）。

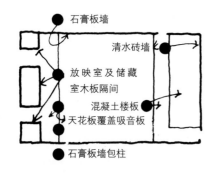

石膏板墙

清水砖墙

放映室及储藏
室木板隔间

混凝土楼板

天花板覆盖吸音板

石膏板墙包柱

⑤照明（形式、控制方式及位置）。

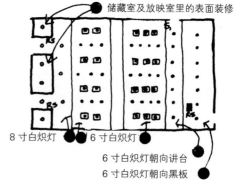

储藏室及放映室里的表面装修

8寸白炽灯   6寸白炽灯

6寸白炽灯朝向讲台

6寸白炽灯朝向黑板

⑥进出空间的门。

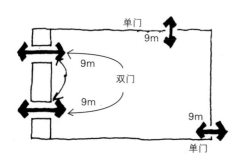

单门
9m

9m

双门

9m

9m

单门

⑦窗户及天窗。

无  NONE

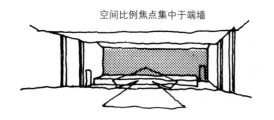

空间比例焦点集中于端墙

⑧平面模式、集合、轴线等。

 无

⑨空间中需要保留的家具及设备（固定的和可移动的）。

⑩色彩。

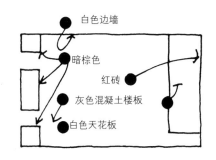

白色边墙

暗棕色

红砖

灰色混凝土楼板

白色天花板

6. 动线

①邻近及项目空间旁边主要及次要的步行模式（外部及内部）。

到商业街的出口

到卫生间、楼梯、电梯

上下课前后人群聚集

庭院的使用

到校园其他地方的出入口

沿街步道动线

②空间之内可能保留的主要及次要的移动模式。

没有保留穿越空间的动线

③逃生梯的路线以及紧急逃生路线。

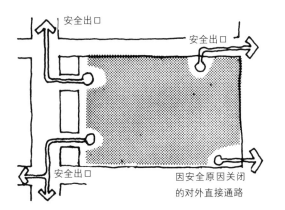

安全出口

安全出口

安全出口

因安全原因关闭的对外直接通路

**145**

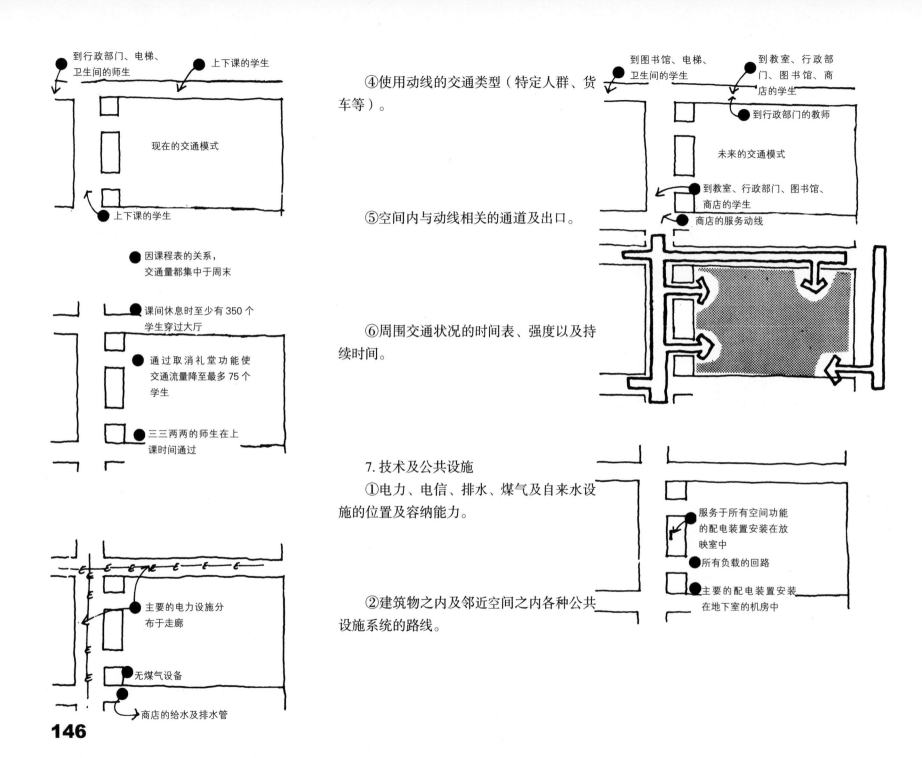

到行政部门、电梯、卫生间的师生

上下课的学生

现在的交通模式

上下课的学生

④使用动线的交通类型（特定人群、货车等）。

⑤空间内与动线相关的通道及出口。

⑥周围交通状况的时间表、强度以及持续时间。

7. 技术及公共设施

①电力、电信、排水、煤气及自来水设施的位置及容纳能力。

②建筑物之内及邻近空间之内各种公共设施系统的路线。

到图书馆、电梯、卫生间的学生

到教室、行政部门、图书馆、商店的学生

到行政部门的教师

未来的交通模式

到教室、行政部门、图书馆、商店的学生

商店的服务动线

因课程表的关系，交通量都集中于周末

课间休息时至少有350个学生穿过大厅

通过取消礼堂功能使交通流量降至最多75个学生

三三两两的师生在上课时间通过

主要的电力设施分布于走廊

无煤气设备

商店的给水及排水管

服务于所有空间功能的配电装置安装在放映室中

所有负载的回路

主要的配电装置安装在地下室的机房中

**146**

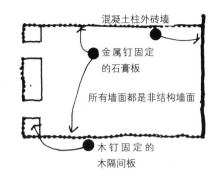

混凝土柱外砖墙

金属钉固定
的石膏板

所有墙面都是非结构墙面

木钉固定的
木隔间板

③永久的和可移动的墙面。

④楼板结构的允许承载力。　　　　一层无此问题

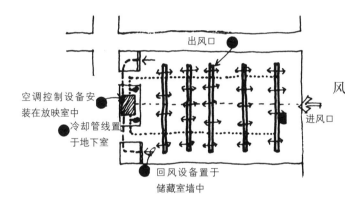

出风口

空调控制设备安
装在放映室中

冷却管线置
于地下室

进风口

回风设备置于
储藏室墙中

⑤所有通风管的路线及所有出风口和回
风口的位置。

⑥空间内吊顶之上的公共设施的位置。　　　管道系统

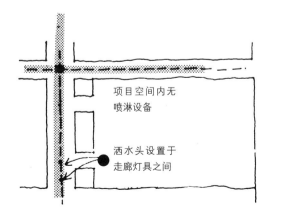

项目空间内无
喷淋设备

洒水头设置于
走廊灯具之间

⑦消防喷淋系统线路及洒水头的位置，
烟气报警器。

**147**

目前容量为
320 人

计划增加 40 人

⑧新空间所需的通风设备以及空调系统的容纳能力。

## 8. 感官

①空间内外的视野。

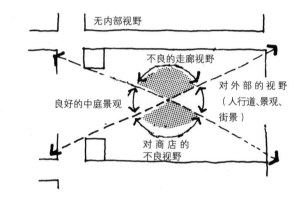

无内部视野

不良的走廊视野

良好的中庭景观

对外部的视野
（人行道、景观、街景）

对商店的不良视野

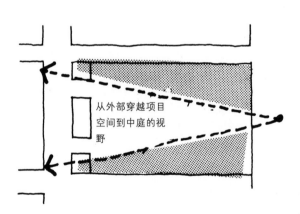

②从邻近空间穿越项目空间的视野。

从外部穿越项目空间到中庭的视野

③从邻近空间、动线或建筑物外部看项目空间的视野。

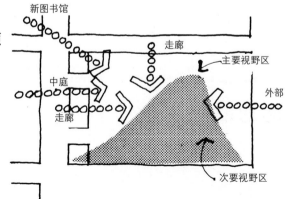

新图书馆

走廊

主要视野区

中庭

走廊

外部

次要视野区

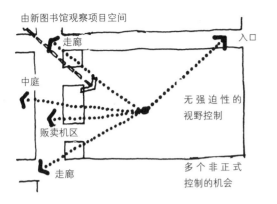

由新图书馆观察项目空间

走廊

入口

中庭

无强迫性的
视野控制

贩卖机区

走廊

多个非正式
控制的机会

④从邻近空间到项目空间或者从项目空间到其他空间所需的视野控制。

⑤各种从项目空间延伸出去或进入项目空间的视野都是我们的财富或者义务（不良的视野、隐私问题等）。

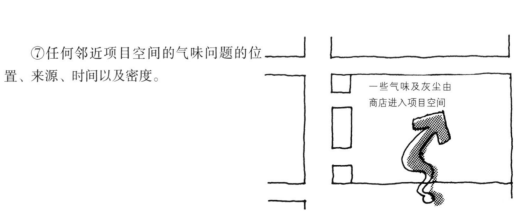

对走廊的视野会因课程活动层级的改变而分散

对中庭的良好视野可能受新贩卖区的影响

对外良好的视野

对商店的不良视野

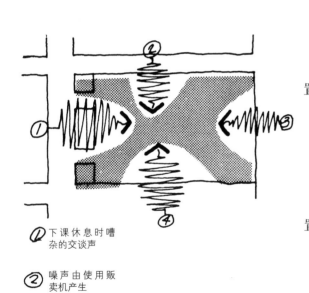

① 下课休息时嘈杂的交谈声

② 噪声由使用贩卖机产生

③ 街道的噪声持续在60至70分贝

④ 商店的噪声持续在70至80分贝

⑥任何邻近项目空间的重大噪声的位置、来源、时间以及密度。

⑦任何邻近项目空间的气味问题的位置、来源、时间以及密度。

一些气味及灰尘由商店进入项目空间

**149**

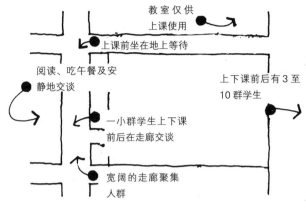

教室仅供
上课使用

上课前坐在地上等待

阅读、吃午餐及安
静地交谈

上下课前后有3至
10群学生

一小群学生上下课
前后在走廊交谈

宽阔的走廊聚集
人群

与项目空间无关联的教室，
但可能因为走廊活动聚集
而造成负面影响

中庭提供视野及
避难的场所

以性质及活动形式而言，项
目空间与新图书馆的功能相
似

商店因为噪声、震动、气味
及灰尘等问题与项目空间的
功能相冲突

## 9. 人

①包含在动线周围空间场所内的既有行
为以及社会学层面的使用。

②周围空间特定使用者的特性，例如，
人口、密度、时间表、年龄层、种族以及发
展性。

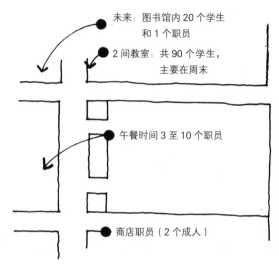

未来：图书馆内20个学生
和1个职员

2间教室：共90个学生，
主要在周末

午餐时间3至10个职员

商店职员（2个成人）

③空间内现有的必须保留的活动，或者
邻近空间将被放置在项目空间内的对于功能
有利或有害的活动。

④建筑物内潜在的问题，例如，暴力破
坏以及犯罪活动。

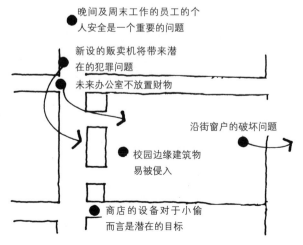

晚间及周末工作的员工的个
人安全是一个重要的问题

新设的贩卖机将带来潜
在的犯罪问题

未来办公室不放置财物

沿街窗户的破坏问题

校园边缘建筑物
易被侵入

商店的设备对于小偷
而言是潜在的目标

● 当地大学行政部门设定空调的温度：冬天 20℃，夏天 26℃。通常这些标准被严格执行。

● 温季是十月到三月，寒季是三月到九月。

● 建筑物在周末及夜晚有保安巡逻的情况下完全开放。

● 当地校园的照明标准：走廊及公共空间 161 lx，一般空间提供额外的作业照明 322 lx。

● 当地行政部门不允许空调由使用者任意控制。

⑤与能源消耗、安全以及运营时长有关的建筑物管理模式及政策。

10. 气候

①空间内空调器与冷暖区的相关位置。

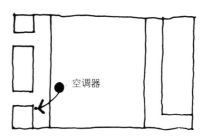

空调器

②所有者能在空间内设置供自己使用的空调器的范围，或者由建筑物的管理单位统一设置。

③如果温度由管理单位设定，记录下冷暖温度的设定值。

冬天 20℃

夏天 26℃

**151**

④一年之中外部温度、降雨量、降雪量、湿度、风向以及太阳轨迹的变化。

⑤透过窗户及天窗直接进入空间的阳光范围。

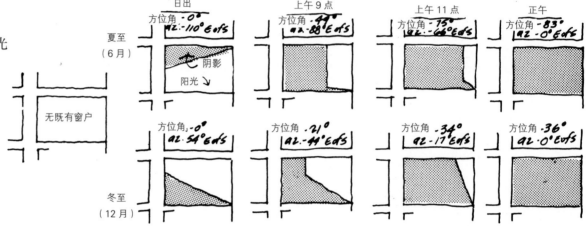

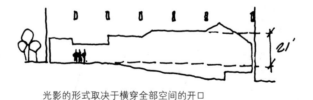

光影的形式取决于横穿全部空间的开口

当进行外部场地环境分析的时候，可以考虑以检查表作为起点。在不同的项目中，可以放弃一些不相关的问题并附加上另外一些在检查表中没有涉及的关键问题。

我们需要决定哪些关键问题会对最终的内部空间的配置造成重要影响，然后深入分析这些相关的问题。本书关于制作示意图的讨论同样适用于室内空间的分析。

**152**